反内耗心法

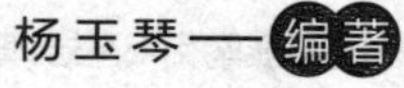

UNITY PRESS 团结出版社

图书在版编目（C I P）数据

反内耗心法 / 杨玉琴编著 . -- 北京 ： 团结出版社，
2024. 12. -- ISBN 978-7-5234-1411-8

Ⅰ . B84-49

中国国家版本馆 CIP 数据核字第 2024JF1767 号

责任编辑：杨　亮
封面设计：紫英轩文化

出　版：团结出版社
（北京市东城区东皇城根南街 84 号 邮编：100006）
电　话：（010）65228880 65244790
网　址：http：//www.tjpress.com
E-mail：zb65244790@vip.163.com
经　销：全国新华书店
印　装：三河市冠宏印刷装订有限公司

开　本：145mm × 210mm　32 开
印　张：6　　字　数：104 千字
版　次：2024 年 12 月 第 1 版　　印　次：2024 年 12 月 第 1 次印刷

书　号：978-7-5234-1411-8
定　价：49.80 元

前言

PREFACE

你是否有过这样的经历：

过分在意别人的看法，别人一句不经意的话、一个微小的举动都可能让你陷入自我反思和猜测中，不断地怀疑自己是否哪里做得不对，从而情绪低落，与人相处因此而变得小心翼翼；或在面对一些重要任务时，脑海中会不断产生各种悲观的想法，担心自己做不好，害怕失败，于是在犹豫不决中浪费了大量的时间与精力，最终可能因为内耗而无法全力以赴；或总是对已经发生的事情耿耿于怀，琢磨那些无法改变的事情，陷入自责和悔恨之中，无法自拔，同时又对未来过度焦虑和担忧，自觉前途迷茫，充满不确定性……

这些都是内耗的表现。内耗并非来自外界的压力和困难，而是源于我们内心的纠结、担忧、恐惧以及自我怀疑等。它们就像一个个隐藏在我们内心深处的“小恶魔”，不断消耗我们的能量和精力，夺走我们的热情，让我们变得疲惫、焦虑、沮丧，让我们无法专注于当下的生活和工作，更无法充分发挥自身的潜能。长期处于内耗的状态，不仅会影响我们的身心健康，导致失眠、焦虑、抑郁等问题的出现，还会严重阻碍个人的成长与发展。

既如此，我们应该如何挣脱内耗的束缚，重新找回内心的平静与力量呢？这正是《反内耗心法》一书想要探讨和解决的问题。本书通过一系列可操作的方法，帮助读者学会应对内耗，从而强化自己的心理韧性，提升自己的生活品质。本书在编写的过程中，力求将理论与实践相结合，为读者提供具有针对性的建议。最后，希望本书能够成为读者在反内耗过程中的得力小助手，帮助读者冲破内耗的枷锁，释放内心的能量，以更加积极、健康和自信的姿态面对生活，享受生活的美好。

目录

CONTENTS

▸ 情绪篇

▸ 行动篇

▸ 心态篇

情绪篇

我不再将这个世界与我所期待的，塑造的圆满世界比照，而是接受这个世界，爱它，属于它。

[德] 赫尔曼·黑塞《悉达多》

01 避免过度的自我批评

不可自暴、自弃、自屈。

——宋·陆九渊《语录》

刚大学毕业的小彤，入职了一家互联网公司做文员。在面对忙碌的工作时，天生敏感的她时常反省自己是否说错了什么话，做错了什么事。一次，部门经理临时让她做一个表格，她因信息收集不全，漏掉了其中一项数据。然而，部门经理并未责怪她，而是让她重新整理后再发一遍。但敏感的小彤为此内疚了很多天，在以后的工作中变得更加小心翼翼，这就造成她工作的效率变得很低。久而久之，被公司的管理层贴上了“工作能力不足”的标签。试用期过后，公司决定不予录用她。小彤由此变得更加自卑，在之后的面试中也屡屡碰壁。在此期间，她时刻反省自己，怀疑自己的能力。由

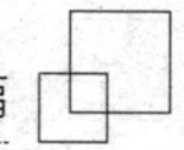

此，陷入了重度的内耗之中，饱受折磨。

在现实生活中，这类例子我们并不陌生。或许是我们的一段往事，或许我们正在经历，而“小彤”可能就是我们身边的某个同事。小彤过度的自我批评让她在工作中变得谨小慎微，如何才能避免过度的自我批评呢？

1. 意识到正在自我批评

当我们意识到自己正在自我批评时，要立刻敲响警钟。比如，当我们在心里说“我又搞砸了，我真没用”时，请马上捕捉到这一想法，然后立即停止。

2. 寻找原因

思考引发“自我批评”的原因，然后客观判断这种批评是否公正。例如，在一次工作出现小失误，不要马上认定自己“愚蠢”，而是要考虑是否有其他因素影响，如时间仓促、信息不对称等。然后从中吸取教训，以便将来做得更好。将失误视为学习和成长的机会，而不是对自我价值的否定。

3. 培养积极的自我对话

每天花几分钟回顾自己的优点或当天的成功经历，比如将垃圾进行了分类、帮了别人一个小忙、完成了一项工作任务或是成功控制住了自己的情绪等。用鼓励、积极的话语取代自我批评。比如，将“我总是做不好这件事”改成“我正在学习如何做好这件事”或“每一次的尝试都可以让我进步”。

4. 寻求帮助

和身边的朋友分享自己的感受，他们可以提供不同的角度和反馈，帮助我们认识到我们对自己的批评可能过于严厉。如果自我批评已严重影响到我们的生活质量或心理健康，可向心理咨询师寻求帮助。

02 不良情绪会把人引向绝望

失望沮丧，是我们生命上最可怖之敌。

——梁启超《梁启超家书》

在现实生活中，我们有时会让焦虑、自卑、内疚、嫉妒、恐惧、冷漠、愤怒等不良情绪将我们引向绝望。

也许，当下我们努力准备了一年多的考试，结果却失败了；也许，当下我们正在遭受好朋友的背叛；也许，当下我们是坚定的独身主义者，但每逢佳节却也希望与三五小友共度时光；也许，当下我们被迫离开了一份自己很满意的工作；也许，当下我们做了错事，被内疚的大山压得喘不过气来；也许，最糟的事情莫过于当这些不良情绪来临时，找不到一个解决的方法；也许，当下我们在不触及法律的前提下犯了一个“天大的错误”，不可饶恕，但我们真的知道错了……

当时当下，请务必采取积极的行动摆脱这些情绪！牢记教训，然后去享受当下生活本身的美好。诚然，怀揣“一定要摆脱不良情绪，尽情享受生活”的信念，或许本身就是一种心理压力，同样可能引发一些不良情绪。但请记住，我们可以先行动，然后在行动的过程中调整情绪。我们有很多调整的方法，比如运动、整理房间、培养看似“毫无意义”的爱好（如养花、撸猫、看肥皂剧等），以及去附近的公园遛遛弯儿等。

1900 年 7 月，德国精神学专家林德曼独自驾着一叶小舟驶进波涛汹涌的大西洋，他在进行一次历史上从未有过的心理实验。

林德曼认为，一个人只要对自己抱有信心，就能保持精神和身体的健康。当时，德国举国关注着这场孤舟横渡大西洋的冒险，因为已经有一百多位勇士相继失败且无人生还。林德曼推断，这些遇难者并不是因为生理因素而失败，而是主要死于精神崩溃、恐慌与绝望。在航行中，林德曼遇到难以想象的困难，多次濒临死亡，时有绝望之感。但只要这个念头一生出，他马上就会对自己说：“懦夫！你想重蹈覆辙，葬身此地吗？不，我一定能成功！”终于，他战胜了自己的不良情绪，成功渡过了大西洋。

林德曼的亲身经历证明：只要对自己不失望，勇敢战胜

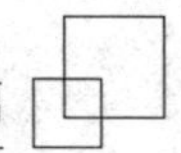

自己的不良情绪，精神就永远不会崩溃。

我们身体内的每一个细胞都似怀揣执念的行者，默默为生命续航发力，损伤、老化亦拦不住新生脚步，仿佛呐喊着“活着，就得抗争”。生活的坎坷从不缺席，困境突袭，常令人猝不及防。面对困境，我们必须努力站起来，重新迈开步子。中国政法大学教授罗翔先生曾说：“请你务必一而再、再而三、三而不竭、千次万次，毫不犹豫地救自己于人间水火。”这句话激励了无数身处困境之中的人们。

战胜内疚、忧伤、失败等不良情绪，我们具体应该怎么做呢？或许下面的建议会对我们有所帮助：

1. 坚定积极的信念

积极的信念可以帮我们渡过困境。上面的事例中林德曼用的就是这种方法。

2. 原谅别人，也原谅自己

不管造成困境的原因是什么，有些人总能在自己身上发现一些真实存在的或想象出来的失误。面对这种情况，首先正视它，如果可以补救，就想办法补救；然后，记住教训和经验，将不好的情绪抛于脑后。面对别人的失误，可以提醒，但别过度责备；面对自己的失误，请用全新的热忱、昂扬的斗志，将原本干涸的生活之池重注汩汩清泉，让活力与希望再次满溢。要记住，原谅别人，是胸怀豁达的彰显；原谅自己，更是重燃生活热情的关键。唯此，方能步履轻盈，奔赴下一程山海。

3. 热情地帮助别人

积极热情地帮助别人，让正面的情绪充斥生活的每个角落，可以让自己保持积极的状态。

4. “一次只迈一步”

如果我们没有遇见奇迹，那么不如定下心来做一件事情，坚持下去，一次只迈一步，长此以往，定能收获惊喜。

5. 学会感恩

每天，特别是情绪不好的时候，寻找感恩的理由：感恩四季变换，能让花有重开之日；感恩朋友，能让我们感受到温暖；感恩书籍、音乐和促使我们迸发出生命力的一切力量……这种方法很奏效，它可以让我们的内心再现春暖花开之景。

以上均为积极正向之法，它们是相通的，一体多面的。当我们产生不良情绪时，可以在内心种下一些向日葵（这些向日葵便是上面的方法），让向日葵的明媚抚慰心底各个角落的忧伤。

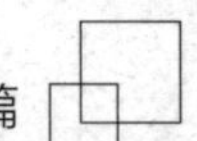

03 别让流言蜚语主宰自己的情绪

凡流言、流说、流事、流谋、流誉、流愬，不官而衡至者，君子慎之。

——战国·荀况《荀子·致士》

流言一般具有以下特点：

①传播的渠道主要是口头传播。②经过多人传播，速度快，范围广。③缺乏事实根据，在流传开始和流传过程中失真，并总是以“传播真相”的形式出现。④内容具有吸引力，通常涉及一些特殊的事件或敏感的话题，或因新奇有趣，或因关系到一些人的实际利益；是一些没有确切证据的信息，传播者常常随意加以修饰或夸张。

在流言的传播中，存在三类人：流言制造者、流言传播者、流言针对的对象。作为流言的传播者，三人成虎，危害

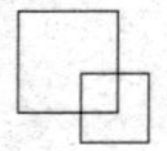

不可谓不大。

流言的传播通常具有以下原因：

①能满足流言制造者与传播者的私欲（某一流言的传播表明了二者的共同的情绪，如惧怕、仇恨、嫉妒与希望等）。②给流言传播者提供某种情绪表现的机会，使被压抑的情绪得以发泄。③焦虑心理的外化表现，即紧张而焦虑的人有时会抓住任何对他有利的事物，会情不自禁地陶醉于一些自己所想象的“事实”之中，以求得情感上的满足。他（流言传播者）会相信并转述一些他所希望是真实的事情，并以此为乐。

在现实生活中，遇到铺天盖地的流言，你是听之任之，还是和传播流言者当面对质，更或者是“以其人之道，还治其人之身”，你中伤我，那我就诽谤你？

小慧大学毕业后，在一家大型外贸企业的销售部门任职。在这一年中，小慧工作积极努力，待人和善，常常一个人无偿加班到很晚。

但令她苦恼的是，自己如此积极地工作却仍得不到领导的赏识，更得不到同事的认可。特别是同在一个部门的两个女同事小婷和小庄，似乎总是和自己对着干。小慧认为有意见可以当面说，可气人的是两个女同事从不当面指出来，却时常在背后向领导打她的小报告，还在同事中间说她的坏话：

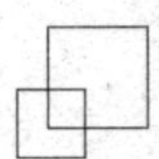

小慧想要在领导面前卖乖才工作如此积极，其实就是想升职；小慧每天都打扮得花枝招展，简直是个“狐狸精”；等等。很快，这些流言迅速在公司传播开来，让小慧难以接受。

工作时、吃午饭时、公司聚会时……小慧在不同的场合都听到了关于自己的流言，也有“好心的同事”来转告她。刚开始的时候小慧并不在意，以为过段时间流言自会平息，不料这种情况持续了半年之久，近期她们散播流言变本加厉。一次，小慧路过时当场听到她们的议论，但是她们还是照说不误。被发现后她们看小慧的眼神，分明在挑衅。

小慧很想过“以牙还牙”，大不了也去传播她们的流言，但善良的她最终没那样做。所以，直到现在，小慧每天都郁郁寡欢，活在同事制造的流言蜚语的阴影中不能自拔。

总会有人无缘无故地讨厌你。因此，我们也不要被“世上没有无缘无故的爱，也没有无缘无故的恨”这种话“洗脑”，从而内耗。“如果一个人讨厌你，那可能是他的问题；如果一群人讨厌你，那他们可能都相互认识”，说的就是被误解的困境。

对于流言，相信每一个人都嗤之以鼻。流言就像是一场瘟疫，所到之处人心惶惶，人们避之不及，防不胜防。

1910 年 6 月 3 日，阮玲玉出生在上海的一个贫苦家庭。父亲早逝，母亲带着她到富绅张家做女佣。在这样的环境下，阮玲玉养成了内向的性格。为了让女儿接受良好的教育，母亲为她求得了进入崇德女校就读的宝贵机会。

1927 年，阮玲玉被导演选中，从此进入电影界。之后，她凭借出色的演技和精彩的表现，在多部影片中崭露头角。而这些影片也让她成为家喻户晓的顶流。

先前，阮玲玉在张家做佣人时，被张家四少爷张达民追求。张达民刚开始对阮玲玉还不错，但后来他染上赌博，不仅败光家产，还挥霍光了阮玲玉的积蓄，并对她恶语相向、拳打脚踢。阮玲玉多次提出分手，但张达民以公开她的隐私相威胁，这让她深陷痛苦之中。

在与张达民感情破裂期间，阮玲玉遇到了“茶叶大王”唐季珊。唐季珊对她展开猛烈追求，阮玲玉遂陷入其温柔的陷阱。然而，唐季珊并非良人，作为情场高手的唐季珊后来对阮玲玉也开始拳打脚踢。

1935 年 3 月 8 日深夜，阮玲玉不堪舆论压力，服下大量安眠药，自杀身亡。阮玲玉的死是电影界的一大损失。

阮玲玉在遗书中写道：

“人们一定以为我是畏罪，其实我何罪可畏？我不过很悔悟不应该做你们两人的争夺品，但是太迟了！不必哭啊！我不会活了！也不用悔改，因为事情已到了这种地步。”

阮玲玉遭受的舆论，主要有以下几方面：

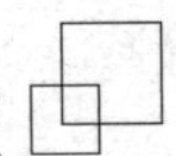

①与张达民的身份差异被恶意炒作。张达民是富家少爷，而阮玲玉出身贫苦。他们的恋爱关系本就备受瞩目，小报记者们抓住这一点大做文章，将这段感情描述成身份悬殊的不伦之恋，强调阮玲玉是女佣之女，试图营造出一种她攀附权贵的假象。

②被指“插足”他人的感情。在追求阮玲玉时，唐季珊已有家室。一些无良媒体便将阮玲玉描述成插足别人家庭的“第三者”，而完全忽略了唐季珊的欺骗行为。

③张达民的诬告引发负面舆论。张达民好赌成性、挥霍无度，在阮玲玉提出分手后，为了钱财，诬告阮玲玉偷张家的东西给情人唐季珊。这种毫无根据的指控被一些无良媒体大肆报道，使得阮玲玉名誉扫地。而此时唐季珊为维护自己声誉，与阮玲玉在经济上划清界限。

④与唐季珊的感情变故被当成谈资。后来唐季珊喜新厌旧，有了新欢。这件事被媒体曝光后，群众纷纷议论说阮玲玉被抛弃，并对她冷嘲热讽。

⑤被塑造成“红颜祸水”的形象。阮玲玉与张达民、唐季珊的感情纠葛被不断放大、歪曲，一些不明真相的吃瓜群众将她视为导致两个男人堕落的根源，对她进行指责与批判。

这些舆论压力给阮玲玉带来了巨大的痛苦，她的内心遭受了极大的伤害。

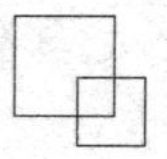

阮玲玉的离世，让人们深刻地认识到舆论的力量和女性在当时社会所处的困境，就连鲁迅先生也发表了《论“人言可畏”》一文，谴责舆论的不公。

然而，阮玲玉的悲剧时刻在上演着。社会飞速发展，在网络时代，“人人都是自媒体”，流言传播的成本更低，这就使得流言的危害面更广。

2018 年 8 月 20 日，四川德阳的安医生与丈夫一起去游泳。泳池中两名 13 岁的男孩儿可能冒犯了安医生，安医生要求他们道歉，男孩儿拒绝并向其吐口水，做鬼脸，安医生丈夫就冲过去将男孩儿往水里按。之后，男孩儿的家属打了安医生，双方报警。安医生丈夫当场给男孩儿道歉，但第二天对方闹到夫妻俩的工作单位，并让单位领导开除安医生。不仅如此，男孩儿的家属还将经过剪辑后的视频公开传到网上。不久，安医生与丈夫的姓名、职务、单位等信息被对方公开到网络上，夫妻俩遭到网友的人肉搜索，并招网友各种辱骂。8 月 25 日，不堪舆论压力的安医生选择自杀，最后经抢救无效身亡。

一个原本幸福的家庭因网络流言而破碎。

这些事例都充分证实了流言的毒害作用之巨大，它可以轻易摧毁一个人的生活、声誉甚至生命。在现实生活中，面对各种风言风语，应保持理性。尤其在这个网络信息大爆炸的时代，各种杂乱的信息充斥着各个网络平台。作为旁观者，未知全貌不予置评，对周遭的各种信息保持冷静客观的态度，不轻易传播未经证实的信息，共同营造一个健康、和谐的生活环境。

在现实生活中，当流言满天飞的时候，作为流言的受害者，要尽可能地不被流言左右情绪，影响自己的日常生活及心理健康。

2024 年 9 月 20 日，湖北武汉的周先生在网上控诉：由于年迈的父亲在电梯里大便，被物业将高清视频发到业主群，父亲在众人的声讨下羞愤自杀。

据悉，事发于 8 月 25 日，周先生的父亲——70 多岁的周老汉在乘电梯回家时，因一时情急，在电梯里“方便”了一下。可没想到，这一幕被电梯内的监控“尽收眼底”，全程记录。监控画面很清晰，周老汉在方便时，可能也意识到这事不雅，但“人有三急”。当时他手里有个黑色的袋子，并试图把袋子兜在后面，可毕竟上了年纪，动作并不利索，部分排泄物没有进入袋子，而是直接掉在地上。随后，周老汉返回家中，并未对电梯里的排泄物进行处理。

物业管理人员在收拾电梯里的“残局”时，十分气愤，便将高清视频在没做任何处理的情况下就发到小区的业主群。此视频一经发出，业主群瞬间炸锅，各种声讨的言论铺天盖袭来，甚至有人表示要报警。

周先生痛心道：“小区那些居民就在我爸身后议论，指指点点的，我爸自尊心又很强，听不惯这个话，9月5日号早上离家出走了，找我爸找到第四天（找到尸体），警方给我的死亡证明是自杀。”

对此，律师表示：物业在进行公共舆论监督的这个行为本身是不违法的，但是不打码的行为，确实是有一些不合理，需要承担相应的责任。

“流言止于智者。”通过积极、冷静和理性的应对方式，可有效地降低流言对自己的负面影响，并维护自己的声誉与合法权益。

面对流言，我们可以这样做：

1. 保持理性

面对流言，不要立即反应过激或情绪化。请给自己一些时间来消化信息，并思考如何恰当地回应流言。

2. 核实信息

做出回应前，尽可能地去核实流言的真实性。如果可能，直接询问流言的来源者或相关人士，以获取更准确的信息。

3. 正面回应

如果流言对自己已造成负面影响，可以考虑以积极的方式回应。通过正面对话、书面声明或社交媒体等方式澄清事

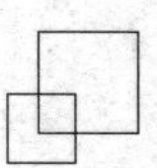

实，表达自己的感受或立场。

4. 寻求帮助

面对流言，不孤军奋战。向亲朋好友或专业人士表达自己的困扰，以寻求他们的建议或支持。他们可能会为我们提供新的角度或帮助我们制定应对方法。

5. 法律途径

如果流言涉及诽谤、侵犯隐私等违法行为，可以考虑采取法律途径维护自己的合法权益。

另外，须清醒地认识到，流言对于自己，除了实质性的伤害，一切伤害都是情绪上的。我们不能否认情绪对一个人产生的巨大影响，但尽可能降低情绪的影响是我们可以通过后天努力习得的。如果事态的发展我们通过努力无法左右，那我们不如试图走出情绪的困境，强大自己内心，坚定自己的信念，专注于自身。

04 别让他人的坏情绪影响自己

众人忧乐以情，而君子忧乐以理。

——明·洪应明《菜根谭·评议》

2022年8月20日，天津某公寓业主群内李某辱骂被告人王某，王某遂与对方相约见面。当日，双方在某公寓小区花园见面后，王某持棍状物击打李某，致其受伤。

经法医鉴定，李某外伤：①右尺骨远段骨折，鉴定为轻伤二级；②体表挫伤，鉴定为轻微伤。

经被害人李某报案，公安机关于2022年9月将被告人王某传唤到案。到案后，被告人王某自愿如实供述了自己的罪行。

我们不能否定情绪的影响力，而情绪的发生并非仅仅来源于自身，还包括他人。

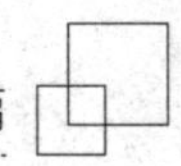

情绪是人的影子，无论在生活、工作还是学习中，我们时时刻刻都能觉察到它的存在。情绪激昂的时候，我们做再枯燥无味的事情都是开心且得心应手的；而情绪低落的时候，我们会感受到焦虑、无助，做再擅长的事情都会显得力不从心。

情绪也像“打哈欠”，是会传染的。好情绪会传染，坏情绪同样也会传染。

一天下午，地铁进来一个醉醺醺的汉子，他满口脏话，挑衅滋事。乘客对他退避三舍，敢怒不敢言。醉汉越来越过分，只见他抓住一个女子的手，扬言让女子陪他喝酒。女子害怕，欲挣脱醉汉的手。人群中也时不时发出对醉汉不满的声音，可醉汉好像没有听见一样，依旧紧紧抓住女子的手。

这时，车厢里有一位老人向醉汉招了招手。醉汉松开女子的手，骂骂咧咧地走了过去。老人笑着问道：“你喝的是什么酒?”

“我喝的牛栏山，这关你什么事?”醉汉气势汹汹。

“真的吗，”老人高兴地说，“我也喜欢牛栏山。每到晚饭时间，我就喜欢倒两盅牛栏山，再摆上一些小菜，和我家的老太婆坐在院子里细细品尝。”

接着，老人又问他：“先生，你应该也有一位温柔的太太吧?”

“不，我老婆已经过世了……”醉汉的声音开始哽咽，浑浊的眼睛里却发出明亮的光芒。

故事中的老人是智慧的，他非但没有受到醉汉情绪的影响，反而循循善诱，帮助女子脱险的同时，也帮助醉汉摆脱了愤怒的情绪。

人无完人。在日常生活中，一个人不可能完全没有负面情绪。我们需要做的是善于调整自己情绪，拒绝受情绪的摆布，做情绪的主人，而不做他人（或自己）情绪的奴隶。

具体怎样做才能不受别人（或自己）坏情绪的影响呢？

1. 保持自我意识

觉察到自己的情绪状态，并认识到自己有能力选择如何应对别人的情绪。当意识到受别人的坏情绪影响时，提醒自己保持冷静与理性。

2. 设定个人界限

学会适时说“不”或设定个人界限，包括物理界限（比如避开过度拥挤的环境等）、心理界限（比如不参与无意义的争论或负面讨论等）。

3. 积极倾听，但不吸收情绪

当有人向自己传递负面情绪时，可以做一个倾听者给予相应的支持，但不必将这些情绪内化为自己的情绪。请保持

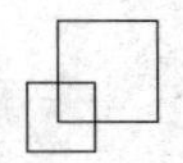

同理心，同时也请与对方保持情绪上的距离。

4. 寻求情绪支持

可以与积极、乐观的人建立人际链接，获得快乐的能量。当自己觉察到被负面情绪包围时，可以向他们寻求帮助或建议。

5. 增强情绪韧性

情绪韧性是指在面对生活中的压力、挑战或逆境时，能保持积极的态度，快速恢复和适应的能力。通过学习和培养情绪管理技巧，如定期运动、正念冥想、积极思考等，来增强情绪韧性。

6. 理解并接受

认识到每个人都有情绪起伏之时，包括自己。尝试理解别人坏情绪产生背后的原因，并以宽容与接纳的态度待之。这有助于防止被他人情绪过度影响。

7. 专注自身

将注意力放在自己身上，关注自身的真实需求、目标和感受。通过运动、正念冥想、阅读或其他爱好来培养自己内在的满足感或平静。可以通过学习和实践，不断提高自己的情绪管理能力。

记住，保持情绪独立并不意味着忽视他人的感受或变得冷漠无情。相反，它是一种健康、成熟的生活状态，使我们能在保持自我圆满的同时，与他人建立积极、和谐的人际关系。

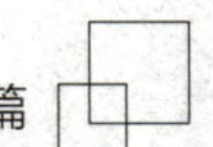

05 阿Q精神：有时自我安慰很有必要

> 在最不幸的环境中，我们也可以把好处和坏处对照起来看，从而找到聊以自慰的事情。
>
> ——［英］丹尼尔·笛福《鲁滨逊漂流记》

“阿Q”是鲁迅先生在《阿Q正传》里塑造的主人公，是一个深受封建阶级压迫和剥削的无产者。上无片瓦，下无寸土。他在现实中命运悲惨，可在精神上却一次又一次获得“胜利”。他因为说自己也姓赵，被赵太爷叫去打了嘴巴。可挨打之后，他想：“现在的世界太不成话，儿子打老子！”现实和幻想形成了尖锐的对立。一方面，阿Q在现实中处处碰壁，饱尝辛酸；另一方面，他又在幻想中自欺自足。这就是阿Q的“精神胜利法”。自然，阿Q的性格是相当复杂的。然而阿Q之所以成为典型，其原因之一是其性格中的精神胜利法。

阿Q的精神胜利法不单暗含消极逃避之意，也有其积极一的面。如今，它早已悄然演变成大众常用的精神安慰手段。

阿Q的精神胜利法，是一种在困难中自我解嘲、自我安慰的心理暗示，也是一种以乐观的方式解决问题的方法。其可贵积极之处在于：

1. 在精神世界中豁达大度

阿Q遇上不顺心的事总有理由为自己开脱。这对容易内耗的人来说不失为一条缓解情绪的好方法。人是情绪动物也是感性动物，受周围人与事的影响难免会产生或好或坏的心情，面对挫折只一味消沉下去，会对个人情绪或心理产生严重的负面影响，甚至可能导致严重的心理问题。何不学习一下阿Q的方法。有了这种方法，我们将重拾自信心，问题也就迎刃而解了。

2. 在面对困境时，保持乐观的心态，用幽默和自嘲来化解尴尬与痛苦

这种方法宛如一味“心灵解药”。挫折来袭时，恰似避风港湾给予我们慰藉。能助我们迅速调整心态，重拾勇气，化解痛苦，驱散阴霾，积攒能量，进而满怀热忱、积极无畏地拥抱生活。

3. 不为名利苦恼，也不在乎别人的看法，潇洒自在

阿Q喜欢自欺欺人，掩耳盗铃。但从某种角度而言，阿Q是快乐的。在阿Q身上，我们总能在跌倒时找到重新站起来的理由。

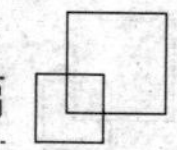

学会阿Q的“精神胜利法”，我们也许不会让人生发生实质性的改变，但在短期内可提升情绪状态，精神面貌也会焕然一新。

从阿Q精神中获得自我安慰的方法主要包括：

1. 调整心态，积极面对生活

在面对挫折时，调整心态非常重要。不过分沉溺于负面情绪中，可以通过告诉自己：“这只是暂时的，我一定能克服它！”这样积极的心理暗示，有助于我们更好地应对挫折。

2. 寻找乐趣，化解尴尬与无奈

在遇到尴尬或无奈时，我们可以运用阿Q精神从中获得一些乐趣。如，面对无奈时的尴尬，可以用自嘲的方式化解，会让自己轻松很多。

3. 自我安慰，减轻心理压力

在现实生活中，当我们无法改变现状时，适当的自我安慰是非常必要的。告诉自己：“这已经是最好的结果了，我没有必要再纠结”，这样的自我安慰有助于减轻我们的心理压力，使我们更乐观地面对现实生活。

《伊索寓言》里面有这样一个故事。

秋天来了，果园里的葡萄成熟了，那一颗颗晶莹剔透的葡萄让所有的狐狸垂涎欲滴。

第一只狐狸走到葡萄架下，发现葡萄架实在太高了，根本够不着葡萄。正当它发愁时，忽然发现不远处有个梯子，便想起农夫曾经用过它。于是，狐狸也学着农夫的样子爬上去，顺利地摘到了葡萄。

第二只狐狸走到葡萄架下，认为以自己的个头这一辈子是无法吃到葡萄了，便安慰自己：别看这些葡萄长得好看，但吃起来肯定特别酸，因此还不如不吃。于是，心情愉快地离开了。

第三只狐狸站在高高的葡萄架下，心想：既然我吃不到葡萄，别的狐狸肯定也吃不到，这样，我也没什么好遗憾的了，反正大家都一样。

第四只狐狸同样够不到葡萄。它心想：听别的狐狸说，柠檬的味道似乎和葡萄差不多，既然我吃不到葡萄，何不尝一尝柠檬呢？因此，它心满意足地离开去寻找柠檬了。

尽管一直以来“吃不到葡萄就说葡萄酸”的说法多用来嘲讽那些因求而不得、转而诋毁目标事物，以此给自己找台阶下、宽慰自己的人。但换一个角度看，也不失为一种为自己解围的方式。

面对一些不开心的事情，为什么不积极地暗示自己呢？缺憾已经产生，是事实。既是事实，接不接受都不会改变什么。我们何不改变能改变的，即改变自己的心态，进而潜移默化地改变当下的困局或者未来事情的发展。

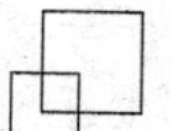

06 杜利奥定理：敞开心扉，拥抱热情

> 自歌自舞自开怀，且喜无拘无碍。
>
> ——宋・朱敦儒《西江月・日日深杯酒满》

美国自然科学家、作家杜利奥认为："没有什么比失去热忱更使人觉得垂垂老矣。"这一观点被称为"杜利奥定理"。心态上是积极的还是消极的，就决定了这个人的生活是明媚的还是灰暗的。

人与人之间在对待生活的态度上，或许只存在着微小的差异，但就是这种微小的差异却往往在个人的成就上表现出巨大的不同。

拿破仑・希尔（Napoleon Hill）曾讲述了这样一个故事：

塞尔玛陪伴丈夫驻扎在一个沙漠的陆军基地里。丈夫奉命到沙漠里去演习，她一个人留在陆军的小铁皮房子中。天气炎热，她没有人可以交流，因为她住的地方只有墨西哥人和印第安人，而他们不会说英语。在这样的环境里，塞尔玛非常难过，于是就写信给父母，说想要回家。

数日后，她接到了父亲的回信，信上只有简短的两行字。而这短短的两行字却永远留在她心中，完全改变了她当下的生活态度。

信的内容：

“两个人从牢中的铁窗望出去，一个人看到的是泥土，另一个人看到的却是星星。”

塞尔玛反复看信，觉得非常惭愧。她决定要在沙漠中找到“星星”。自此，塞尔玛开始热情地和当地人交朋友，当地人的反应使她惊奇，而她也开始对他们的纺织、陶器产生了兴趣，他们把一些自己最喜欢也舍不得卖给观光客的纺织品和陶器送给了她。另外，塞尔玛还研究了那些迷人的仙人掌和各种沙漠植物，又学习了有关土拨鼠的知识。她会沉醉在沙漠的日落之中，也喜欢寻找海螺壳……

最终她从自己建造的牢房里看到了属于自己的“星星”。

重燃对生活的热情使她把原先认为的“恶劣的情况”变成有意义的冒险。她为发现“新世界”而兴奋不已，并以这一经历写了一本书——《快乐的城堡》。

对于多数人而言，生活总是风波不断，即便拼尽全力，

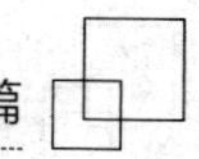

有时也无法改变一些状况。然而，我们可以选择改变我们自己，即改变自己面对生活的心态。

从内耗到“敞开心扉，拥抱热情”，是一个关于自我接纳、情感表达和积极生活的心态转变过程。以下是对于实现这一过程的一些切实可行的建议：

1. 自我认知与接纳

通过冥想、写日记等方式了解自己的需求、目标、情感和价值观。清楚地认识到每个人都有自己的优点和缺点，学会接纳自己的不完美。

2. 建立积极乐观的心态

面对挑战时，尝试从积极的角度看待问题，寻找解决方案而非沉溺于消极的情绪。每天记录让自己开心的小事，有助于培养自己对生活的热爱，提升幸福感。

3. 主动表达情感

（1）勇于表达

不要害怕分享自己的感受和想法。与信任的人分享，可以加强彼此的情感链接。

（2）非暴力沟通

学习并实践非暴力沟通的方法，以诚实、尊重和理解的态度表达自己，同时倾听他人。

4. 积极参加社交活动

找到自己热爱的活动或兴趣小组，与志同道合的人一起交流、学习，这能让自己感受到归属感与热情。也可以尝试参加不同类型的社交活动，如志愿者工作等，与不同背景的人交流，拓宽社交圈。

5. 培养健康的生活习惯

（1）规律作息

早睡早起是一个积极的生活信号。保证充足的睡眠有助于调节情绪，保持精力充沛。

（2）健康饮食

均衡饮食，多吃蔬果，保持身体健康。

（3）适量运动

定期进行适量运动，如跑步、瑜伽、爬山等，有助于自己释放压力，放松心情。

6. 追求个人成长（这一点很重要）

（1）设定目标并付诸努力

为自己设定清晰且可实现的目标，无论是职业方面、学习方面还是个人兴趣方面的。后期的努力和目标同样重要，二者缺一不可。

（2）持续学习（可结合上一条）

保持好奇心，不断学习新知识、新技能。这不仅能提升

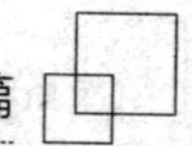

自己的能力，还能激发自己对生活的热情。

（3）专注自己

不必太在乎外界的杂音，尊重自己的感受，照顾自己的情绪，专注自己的进步。

请记住，以上是一个渐进的过程，需要时间和耐心。如果当下时间和耐心都有限，请挑选其中感兴趣的一环，去实施它，也许会发生惊喜哦！

热情是我们在现实生活中必不可少的生活态度，我们可以允许自己一时萎靡不振，允许自己偶尔懈怠，但总有想闻一闻花香、尝一尝美食、逛一逛公园的时候。

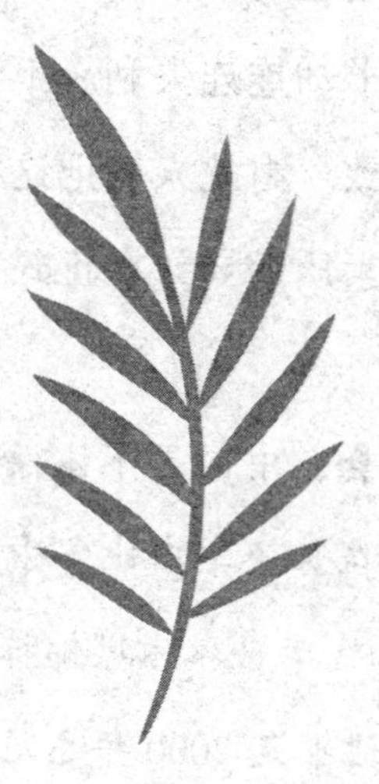

07 詹森效应：别让压力成为心灵的羁绊

不如意事十有八九，不该求时莫去求。

——谚语

曾经有一个名叫詹森的运动员，他平时训练有素，实力不凡，但在体育赛场上却连连失利。不难看出，这主要是压力过大，过于紧张所致。由此人们把这种平时表现良好，但由于缺乏应有的心理素质而导致在正式比赛时失败的现象称为“詹森效应”。

2004 年雅典奥运会，中国男子体操世界冠军李小鹏被寄予夺金厚望。但是他在男子单项比赛中发挥失常，仅获得一枚双杠铜牌。而在 2003 年世界体操锦标赛时，他却获得了两个项目的冠军，而且他也是 2000 年悉尼奥运会的双杠金牌得主。我们不能说他没有夺金的实力，那么是什么原因导致他

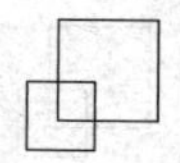

的这次失误呢？事实上，他在赛后接受媒体采访时表示，这次发挥失常的主要原因是某些特殊情况给自己带来了较大的压力，使自己心情紧张。

李小鹏的这种情况就是我们所说的“詹森效应”。

1.“詹森效应”产生的原因

（1）缺乏自信

一些人在平时的练习中，如果没有得到满意的结果，就易缺乏自信。到正式的场合，便产生怯场心理，束缚自己发挥出正常的水平。

（2）心理定势

一些人平时战绩累累，无形中养成了一种“以前从未失败，这次也不能失败”的心理定势，在正式场合就可能过度紧张从而出现“詹森效应”。

（3）太看重他人的期待

一些人可能太看重他人对自己期待，从而产生患得患失的心理，也易导致发挥失常。

2. 避免“詹森效应”的方法

（1）调整认知，专注当下

在现实生活中，多数评定标准以展示结果为准。如果最后失败了，也许意味着所有的付出前功尽弃，这时可能会受“詹森效应”的影响，进而产生情绪内耗。

因此，我们可以去关注自己可以控制的因素，提高自己对事物的掌控感，增强信心，将更多的注意力放在过程中。即便结果不如人意，但只要在过程中自己努力了，为未来积累了可贵的经验，这其实就是一种难得的收获。

（2）给予积极的心理暗示

对于缺乏自信而导致的“詹森效应”，我们可以前期在模拟场景下进行反复练习，保证最大限度地发挥自身的水平。然后，通过积极的自我暗示增强自信。只有充分相信自己的实力，才能沉着冷静地应对。

（3）降低期待，减轻压力

在意别人的“高期待”，心理负担就会随之加重，进而引起过多的不必要的情绪，从而造成情绪内耗，影响正式场合的发挥。因此，我们可以尽可能地适度降低别人的期望，丢掉心理包袱，将注意力放到自己身上，冷静思考怎么做才能最大化地发挥自己的能力。假如发挥失常，欣然接纳现实，原谅自己。之后，仔细复盘失败的原因，调整下次努力的方向，这才是这次失败的意义所在。

（4）保持一颗平常心

学会释放压力是平常心养成的重要方法：

①采取一些自己感兴趣的方式，如运动、听音乐、与好友聊天等，缓解自己紧张焦虑的情绪。

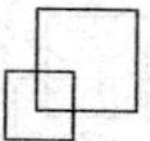

②保证充足的睡眠，睡前可以泡个热水澡，让身体放松，保证良好的身体机能。

③养成良好的心态。有些东西我们越是看重，越是容易与之失之交臂。平心静气，拒绝内耗，保持一颗平常心，走出患得患失的阴影，更容易迎接生活更多的可能性。

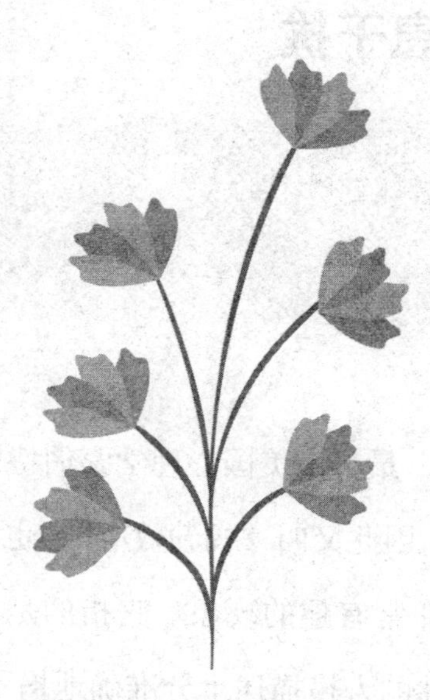

08 巴纳姆效应：正确认识自我，不受外界信息干扰

知人者智，自知者明。

——《道德经》

“巴纳姆效应”最早由美国心理学家伯特伦·福勒于1948年通过试验证明，因此又叫“福勒效应”，也称“星相效应”，是心理学上一个非常有趣的现象。它指的是人们常常认为一种笼统的、一般性的人格描述十分准确地揭示了自己的特点，即便这些描述在本质上是非常模糊和普适的。

1. 巴纳姆效应产生的原因

（1）自我偏见

自我偏见使人们更容易接受正面、模棱两可的评价，而忽略负面评价。

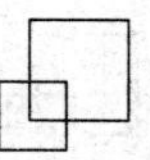

（2）确认偏差

确认偏差是指当我们接收到模糊信息时，大脑会自动寻找与之匹配的经历或情感，从而确认这些信息的准确性。

2. 巴纳姆效应在日常生活中的表现

巴纳姆效应在日常生活中很常见。例如，心理测试、占卜、占星术、从众心理等。占星师通常会使用一些模棱两可的描述，如“你很有潜力，但有时会对自己很没信心”，这种描述符合多数人的自我认知，从而让一些人认为“灵验”。

有些人在认识自我的过程中，容易受来自外界信息的干扰，从而出现自我知觉的偏差。在日常生活中，我们既不可能每时每刻去反省自己，也不可能总提醒自己以局外人的视角来观察自己。正因如此，我们有时会借助外界的信息来认识自己，也因此经常无法准确地认知自己。这是一个恶性闭环。

巴纳姆效应提醒我们，在接受各种人格描述或心理测试时要保持警惕，不要轻易被一些笼统的、一般性的描述所迷惑。

3. 应对巴纳姆效应的有效方法

要想避免“巴纳姆效应”，客观真实地认识自己，有以下几种方法：

（1）勇敢面对自己

学会正确看待自己的优点和缺点，不掩耳盗铃。另外，切莫以己之短比人之长或以己之长比人之短。认识自己，正视自己，从容面对自己的一切。不要觉得自己有“缺点”就要把“缺点”掩盖起来，这样做只是自己骗自己。

（2）培养收集信息的能力以及敏锐的判断力

判断力是一种在收集信息的基础上进行决策的能力。信息对于判断的支持作用显而易见，没有收集相当数量的信息，便很难做出正确的判断。没有人天生就拥有明智和审慎的判断力，因此我们需要主动地去培养自己的这种能力。

（3）善于总结

从重大事件，特别是重大的成功或失败经历中认识自己。在重大事件中获得的经验和教训可以为人们提供了解自己的个性、能力的信息，使其从中发现自己的长处和不足。越是在成功的巅峰和失败的低谷，越容易表现自己真实的性格。

人生在世，归根结底，是一个发现自我、认识自我的过程。无论身处逆境还是顺境，都应持辩证的观点，在不忽视长处和优点的前提下，认清自己的短处与不足。当我们身处情绪的困境时，和各个维度的自己和谐相处，认清生活的真相，认清自己，才能更好地掌控生活。

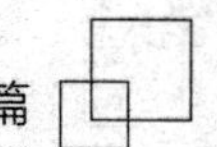

09 杜根定律：自信比什么都重要

己不自信，何以信于人？

——《明史·列传》

美国橄榄球联合会前主席 D. 杜根认为：强者未必是胜利者，而胜利迟早都属于有信心的人。这就是心理学上的“杜根定律”。

在现实生活中，很多人喜欢说：“这不太好吧？我哪有这个能力？”说这类话的人就是一种典型的缺乏自信的表现。从心理学角度来说，这其实就是一种自我暗示。他们会在潜意识中提醒自己：我不能胜任这份工作。这是他们前进的巨大阻力，更糟糕的是他们很难意识到这类暗示的不良影响。

俗话说：“人外有人，山外有山。”在现实生活中，我们可能不会一直是“最强的”，可如果我们因此而失去了信心，那我们也就失去了快乐的动力。

你要勇敢地告诉自己：我肯定行，我可以坚持到底，我不比其他人差。这样一来，我们的人生就会因自信而变得明媚鲜亮。

美国作家奥里森·斯韦特·马登（Orison Swett Marden）在一篇名为《自信》的文章中，讲述了这样一个故事：

一个士兵骑马给拿破仑送信，马却因速度太快在离目的地不远处摔死了，士兵瘸着腿将信交给了拿破仑。拿破仑立即写了回信，命士兵骑着自己的马将信送回去。士兵一见拿破仑的马强壮健硕，被装饰得无比华丽，再加上他刚才那猛地一摔，而对骑马产生了害怕心理，便自卑地对拿破仑说："不，将军，您的马无比健丽，我实在配不上！我怕把您的马也摔坏了。"

拿破仑当即说道："世界上没有一样东西，是法兰西士兵不配享有的！"

马登还在文中说："世界上到处都有像这个士兵一样的人。他们总认为自己太弱或地位太低，做那些伟大的事，对于自己是不自量力。这种自卑的观念，往往成为其不求上进、自甘堕落的主要原因。"

是呀，在这个世界上，自信的人永远是强者！有信心的人在内心会认定自己"一定行"，没有任何畏惧。如此，情绪

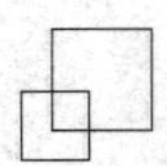

问题（比如情绪内耗）就根本不会发生。

美国哈佛大学进行了一次调查，得出结论：一个人胜任一件事，85%取决于他的态度，15%取决于他的智力。如果他自信，事情肯定会办好；如果他自卑，自卑就会扼杀他的聪明才智，进而消磨他的意志。

在现实生活中，培养自信有哪些具体可行的方法呢？

1. 肯定自己

每天对自己进行积极的肯定，例如“我今天帮助了一个朋友”“我值得被尊重”“我有能力完成这项工作”等。

2. 专注自身的优点

每个人都有自己的优点和缺点，尽可能地将注意力放到自己的优点上。学会接受赞扬并欣赏自己。

3. 借助身体语言

保持直立的姿势和眼神交流，尝试微笑，即使在某些情况下并不自信，“假装”自信（或者说有意识地表现出自信）也可以帮助自己真正感受到自信。

4. 设定目标，逐步实现

将大目标分解为若干个小目标，逐步实现，培养成就感。例如，设定一个学习计划，将其分解为几个阶段性的目标，之后逐步实现。

5. 接受失败

失败是生活的一部分，不可避免，学会接受失败并从失败的经验中获得教训，可避免重蹈覆辙。

6. 不断学习

不断学习。例如，学习一门新语言或掌握一项新技术。

7. 保持健康的生活习惯

保持健康的生活习惯，如均衡的饮食、规律的锻炼和充足的睡眠等。妥善管理自己的生活，生活规律可以帮助自己增强自信。

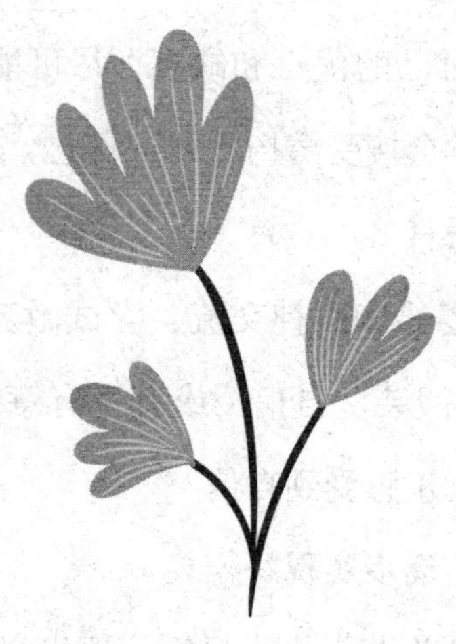

行动篇

人生短短数十载，最紧要的是满足自己，不是讨好他人。

亦舒《美丽新世界》

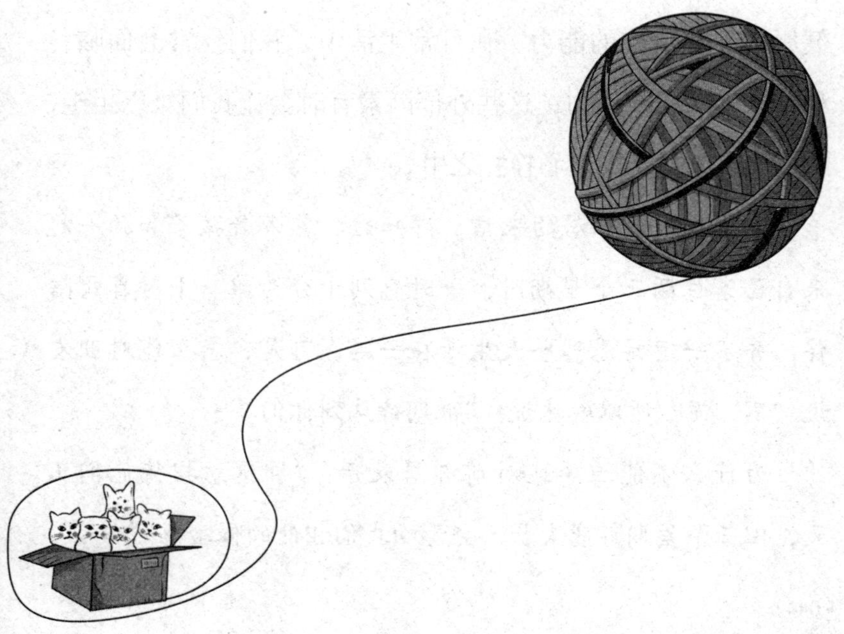

01 学会勇敢地说“不”

处事有疑非智，临难不决非勇。

——《新唐书·尉迟敬德传》

学会勇敢说“不”，是拒绝内耗、维护个人边界和心理健康的一项重要的能力。在日常生活中，我们经常会面临各种请求、期望或压力，这些外部因素有时会让我们难以拒绝，从而陷入无休止的内心挣扎之中。

琳达收到前邻居的来信，得知她打算带着孩子和狗一起来自己家住两三个星期时，一时感到十分为难。平时喜欢陪伴，并不一定就愿意整天生活在一起。可是，怎么能对朋友说“不”呢？所以琳达说：“很期待见到你们。”

为什么不能坦率地对前邻居表示：“很愿意招待你们几天，但三个星期可能太长，会影响我们相处的体验感。”

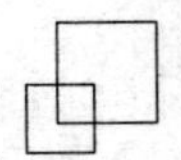

显然，和很多人一样，琳达害怕说“不”。当她不想答应别人的请求时，她又不能毫无愧意地拒绝人家。

如果不能勇敢地说出“不”，可能会使朋友的误解越来越深，而自己也不能从道德压力中解脱出来。

作为三个孩子妈妈的卡罗琳，有一个“女主人”式的朋友。

刚刚搬到这一片居民区的卡罗琳急于寻找新的朋友。这时，罗拉走进了她的生活。不久后，卡罗琳发现，罗拉是某社会团体的总裁，团体的成员由她的朋友和朋友的另一半组成。

“起初我挺喜欢她的，”卡罗琳说，“她是我特别好的朋友，让我做什么，我就做什么。我有时会感受到她的压制，但我不知该怎么办，因为我的确很欣赏她，希望与她保持朋友关系。只是慢慢不喜欢她了。”面对罗拉的一些“指手画脚”的行为，卡罗琳很难说出一个“不”字。

如果友谊建立在不平等、不尊重的基础上，那么友谊便难以为继。

苏珊是一个年轻的妇人，她乐意让她的朋友玛莎“摆布”她的生活。与卡罗琳不同的是，苏珊却是主动要求“被控制”的。当垃圾处理装置出问题后，她给好朋友玛莎打电话，希望得到玛莎的帮助；订阅的杂志期满后，她也去问玛莎是否有必要再继续订，因为现在网络资讯很发达；有时候她不知道该吃什么饭时，也给玛莎打电话问她的意见。玛莎一直像个称职的“母亲”一样，这样的“平衡”终究会被打破。

这天，玛莎的儿子不小心摔伤了，玛莎忙前忙后地照顾受伤的儿子。这时苏珊却打来电话，说自己现在出门，不知道该穿什么衣服合适，希望玛莎能帮自己拿个主意。此时的玛莎非常疲惫，她的情绪终于“爆发”，严厉地对电话另一端的苏珊说：“看在上帝的分上，苏珊，你就不能自己想一想办法吗?”说完就挂了电话。

玛莎的拒绝使苏珊迷惑不解，她说：“我还以为玛莎是我的朋友呢!”

过分地、没有选择地满足朋友，便会使朋友过分地依赖自己。当你有一天突然对对方说“不”时，对方会茫然、失落，并且可能否定你们之间的关系，甚至否定你这个人。然而，我们必须明白，乐于帮助朋友是一种非常美好的品质，但前提是我们要以自己的感受为主。如果帮助对方的代价是绑架自己的生活，那么请勇敢地说“不”。

有些人在说“不”的时候碍于情面，会非常委婉。而这样做可能会让对方弄不清楚你的态度，甚至会产生误解，以为你愿意帮忙，然后投入过多的期望；有些人在拒绝的时候喜欢编造许多理由，但越解释反而显得越“虚伪”。

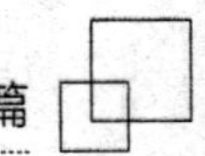

比如一个朋友经常发链接让你帮他助力（“砍价”），这次你工作正忙，但对方表明希望马上帮他。这时，你可以这样回复他：“我很想帮你呢，只是我现在正忙着工作。”

在现实生活中，切实可行的拒绝方法为：

1. 及时

当评估了实行的难度及自己的实际情况之后，立马告知对方，这样做可以让对方有更充足的时间去考虑其他的解决办法。

2. 态度明确

拒绝时用礼貌的语气，但态度一定要明确。

3. 真诚

说明理由时一定要真诚，不要刻意编造一些理由。如果是自己能力不足，就坦率承认；如果影响自己的个人利益，也须跟对方坦白。

习得说“不”的能力，意味着我们能清晰地认识到自己的需求、能力，明确自己的界限，并可以勇敢地表达出来。这不仅有助于我们保护自己的情绪健康，避免过度情绪消耗，还能促进自我价值的实现。

02 韦奇定理：不要被闲话动摇了意志

> 不可以一时之得意，而自夸其能；亦不可以一时之失意，而自坠其志。
>
> ——明·冯梦龙《警世通言》

即使你已经有了自己的观点，但如果有10个朋友的观点和你相反，你便很难不动摇。这种现象被称为“韦奇定理”。它是由美国经济学家伊渥·韦奇提出的。

“韦奇定理”主要有以下内容：

①能够拥有主见是一件极其重要的事情；②确认你的主见是正确的并且不是固执的；③未听时不应有成见，听后不可无主见；④不怕众说纷纭，只怕莫衷一是。

不要被闲话动摇了自己的意志。一旦确立了目标，就要坚持走下去，不要在乎别人的看法，努力达成所愿即可。

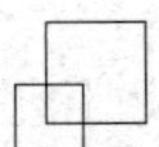

这是一个关于新西兰女作家简奈特·弗兰的真实故事。

20世纪四五十年代，简奈特·弗兰在一个民风淳朴的村落长大。在那里，也许是生活艰苦的缘故，每一个人都显得十分强悍。只有她恰恰相反，她自幼就极端怯懦，有时宁可被别人嘲笑也不肯轻易出门。比如，小时候，兄弟姐妹四人一听到爸爸下班的脚踏车声，就会兴高采烈地跑到院子里围着爸爸要一些劣质糖果。只是有时糖果不够分，站在后面那个伸出手来却总是落空了的孩子肯定是她。她的状况很让父母担心，父母也经常在她面前叹气，唠叨说她如何如何的“不正常”。

“不正常”？这个词经常萦绕于她之耳，她也渐渐相信自己是“不正常”的。入学的年龄到了，她被送去一个更陌生的环境。和同学相比之下，她几乎还处在牙牙学语的阶段。其他的同学很轻松地就成为彼此可以聊天的朋友，而她也很想交朋友，可就不知道怎么开口。为了帮她调整心态，父母不得不一次又一次给她转校，但这种状况始终没有什么改观。

大家都觉得她是一个奇怪的人，因为她总是用一些奇怪的词语来描述一些极其琐碎的情绪，“不知所云”。家人、同学听不懂她的话，即使是自己最尊敬的老师也先入为主地认为这只是一堆呓语与妄想。

为此，父母也没少带她去看医生。最开始的时候，医生给她的诊断是“自闭症”；后来，也有时诊断为“忧郁症”；再后来，她脆弱的神经终于崩溃了，她住进了长期疗养院，又多了一个“精神分裂症”。她惶恐，逃避……默默地接受各种奇奇怪怪的治疗。

入院之始，父母每月还千里迢迢地来看望她，后来半年也不曾来一次，似乎忘记了她的存在。别人就更不用说了，谁愿意经常来探望一个奇怪的“精神病人”呢？

医院的日子是落寞而空虚的，好在医院里摆放着一些过期的杂志，是好心人士捐赠的。有的杂志教人如何烹饪裁缝，如何成为淑女；有的杂志登一些好莱坞影星的幸福生活；有的杂志则是登一些深奥的诗歌或小说。她没事的时候就翻着看看，有些文字她很喜欢，在医院里过着茫然而无聊生活的她，索性就提笔投稿了。

让人意想不到的是，那些在家里、在学校或在医院里，总是被视为不知所云的文字，竟然在一流的文学杂志上刊出了。

医院的医师有些尴尬，赶紧取消了对她的一些具有侵犯性的治疗方法，开始竖起耳朵听她的谈话，仔细分辨是否错过了她的任何一个暗喻或象征。家人觉得有些得意，这时才忽然发现家中原来还有这样一个女儿。甚至先前小镇的邻居都不可置信地发问：难道这个女作家，就是当年那个古怪的

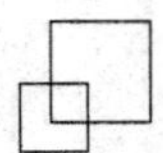

小女孩？

她出院了，并且凭着奖学金出国了。

她来到英国，带着自己的病历主动到精神医学最为先进的莫兹利医院报到。就这样，她不知不觉地度过了两年时光，莫兹利医院的精神科医师这才慎重地开了一张证明她没病的诊断书。

那一年，她34岁。

一个自幼被认为“不正常”的小女孩，被医生诊断为精神分裂症，在经过几乎半生的时光后，终于挣脱了别人言论的樊笼，成了公认的当今新西兰最伟大的作家之一。

你是不是怕与别人不一样？你是不是怕成为众矢之的？生活中，我们总是害怕自己不符合“大众标准”，结果经受不住别人一而再、再而三的“指点”，最后不得不妥协。

卡里和斯泰因曾经打赌，卡里说：“我如果送给你一个鸟笼，并且挂在你的房中最显眼的地方，那么，我保证你就会买一只鸟回来。”

斯泰因笑道：“养只鸟多麻烦呀！我相信我是不会去做这种傻事的。”

之后，卡里买来一个鸟笼，并且是一个非常漂亮的鸟笼，让斯泰因挂在自己房中最显眼的地方。人们看到后总会忍不住问斯泰因：“斯泰因，你的鸟什么时候死的，为什么死了?”

斯泰因回答:“我从来没有养过鸟。”

“那么,你要一个鸟笼干什么呢?况且是如此漂亮的鸟笼。”人们奇怪地看着他,好像问题就出在斯泰因。久而久之,连斯泰因自己都觉得自己好像有什么问题了。斯泰因终于屈服了,最后还是去买了一只鸟,并把它放在鸟笼里。因为他知道,这样比无休止地向大家解释要简单得多。

显然,别人“想当然”的推论不仅会给我们的生活带来困扰,而且还会对我们的个人意志产生影响。

我们或许并不想追求世俗意义上的成功,但内心似乎总想坚持点什么,这个坚持或许是行为上的(坚持每周或每天整理房间、坚持早睡早起、坚持每天吃一顿丰盛的早餐或午餐、坚持热爱秋天等),或许是精神上的(坚持每天卸掉心理包袱、坚持“把话说清楚”不给内耗留空间、坚持专注于自己等),但不管如何,意志不可动摇,因为坚持是一件很美妙的事情,能让我们自身获得掌控感,而这种感受能让我们变得更加自信、从容。一旦我们在意志上退让,随之而来的可能是自我怀疑与自我否定。期间,就产生了内耗。

要想避免受韦奇定理的影响,可采取以下方法:

1. 坚持自己

对自己的决定或选择有清晰的认知,不被外界意见轻易

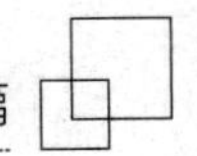

动摇。这需要我们对自己真正想要的是什么有深入的了解与思考。

2. 理性分析

当面对不同的声音时，不是立即否定或接受，而是对其进行理性分析与判断。考虑这些声音的来源、可信度，以及它们是否基于客观事实或某种逻辑。

3. 自信而不自大

有主见并不意味着忽视他人的意见。保持开放的心态，愿意听取合理的意见或建议，但同时坚持自己的判断，不因外界的压力而改变初衷。

4. 不断学习

通过不断学习，获取更多的知识与信息，提高自己的判断力。这样，在面对不同的声音时，便能快速且准确地做出决策。

03 执着就一定好吗

> 执之失度，必入邪路。
>
> ——隋·僧璨《信心铭》

执着就一定好吗？当然不是。俗话说：“穷则变，变则通。”当这条路走不通时，不要再一味坚持，陷入情绪的漩涡，而要变换思路，换个角度去思考，转变一下心态。

执着虽是良好的品质，但并非放之四海而皆准。在现实生活中，要学会适时调整自己，高敏感、完美主义、缺乏自信、过度思考的人更要习得这一心法。

小李是一家大公司的高管，在公司已待了8年的他应对各种工作问题都能手拿把掐。可如今他面临一个两难的境地：一方面，他非常喜欢自己的工作，也有着丰厚的薪水；另一方面，他不喜欢3个月前空降而来的上司，已经到了“忍无

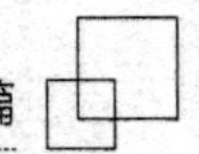

可忍”的地步。在经过慎重的思考之后，他决定去猎头公司重新谋求一份工作。猎头告诉他，以他的条件，再找一个类似的职位并不难。

回到家中，小李夜不能寐。毕竟他在这家公司干了这么久，完全习惯了这家公司的工作模式，换一份工作，不知道自己能否适应。并且自己正值不上不下的36岁，上有老、下有小；况且现在的就业形势并不乐观……在接下来的半个月中，小李每天都在等着猎头的消息，但迟迟没有任何回应。自然，小李每天夜不能寐，无非就是那几个问题萦绕于心，好不烦躁。这让小李怀疑自己在就业市场上的价值，激起了他的“好胜心”。于是，他联系了更多家猎头公司，到处推荐自己。两个月后，无果。小李的妻子见小李整天闷闷不乐，便劝慰小李：“在你看来，是换一份合适的工作困难，还是调整心态，和你的上司友好相处困难？你更容易接受哪种选择?”一语惊醒梦中人，通过这几个月苦寻工作来看，现在并不适合跳槽，而且即便换了工作，可能还会遇到很不好相处的同事，与其重新面对未知的状况，不如在现在既定的环境中调整心态。

执着往往表现为对情感或某个目标的过度坚持，不轻易放弃。这种执着可能源于过去的经历或内心的恐惧，使我们难以接受现实或改变自己的态度和行为。

在现实生活中，如何改变执着？

1. 深入思考执着的根源

理解自己为什么会对某件事如此执着。接受过去的经历，理解这些经历如何影响了现在的自己。

2. 自我反思

认识到这种执着对自己的生活产生的影响，是否让自己感到痛苦或错过了其他可能性。

3. 接受现实

学会接受现实，理解有些事情是我们以一己之力无法控制的。不再对生活抱有过高的期待，会看淡一些事情。

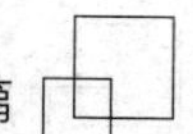

04 适度保护个人隐私

> 释放无限光明的是人心，制造无边黑暗的也是人心。
>
> ——[法]雨果《悲惨世界》

真诚是一种重要的品质，但真诚并非意味毫无保留地将自己的所有想法与感受和盘托出。聪明的人懂得保护好自己的隐私，因为他们清楚，这是他们自己的事情，不需要向任何人交代。这种做法，不仅能够保护自己的形象和隐私，而且在一定程度上也可以保护个人的心理健康；不仅有助于维系良好的人际关系，而且还能够让自己赢得别人的信任和尊重。

个人隐私包括哪些方面呢？它包括身体隐私、行动隐私、行为隐私、身份隐私、名誉隐私、肖像隐私、个人收入隐私、个人经历隐私等。保护个人隐私是对人性自由和尊严的尊重，也是人类文明进步的一个重要标志。

小马和小王是同事，两个人的关系非常好。一次小马失恋了，状态非常不好，严重影响工作，小马只好请假在家调整。小王得知其中的前因后果，也建议小马调整好状态再来上班。当时部门非常忙，小马又请假，很多工作自然就落到了工作搭档小李的肩上。小李每天都加班到很晚，披星戴月。一次，小李无意间从小王处得知，小马请假的原因是失恋，心里很不是滋味儿，瞬间火冒三丈，立即在聊天软件上联系上小马，一顿疯狂埋怨，指责小马因为个人感情的原因就请假。听到埋怨的小马心里更难受了，半夜睡不着，找到好友小王倾诉，并告诉小王自己想辞职。小王第二天就将小马想辞职这件事情告诉了另一个关系要好的同事。不久这事就被部门经理知道了，经理立即以小马违反公司规章制度为由让小马来公司拟辞职报告，以免耽误公司的工作安排。

失恋又失业的小马始终都不知道，造成她失业的内在原因是好友小王泄露了她的个人隐私。

事例中的这种情况在现实生活中很常见。在职场上，我们可以与要好的同事分享自己的喜怒哀乐，但涉及个人隐私的事情还是少说为妙，尤其是关于家庭、感情、薪资待遇、个人经历等方面的事情。

在现实生活中，面对个人隐私，我们具体可以怎么

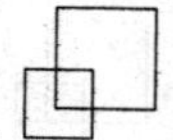

做呢？

1. 适度分享

在与他人交往时，应学会“逢人只说三分话”，这意味着在分享个人信息时要有选择性。

2. 保护隐私

罗翔先生曾说：“保护自己的隐私，不是因为有什么要隐藏，而是因为有些事情是属于自己的。”网络时代的迅猛发展，给人们的生活带来了极大的便利，但也使得个人隐私更容易受到侵犯。合理使用网络社交媒体，避免过度分享个人生活，可以减少不必要的麻烦和困扰。

3. 在真诚与保护自己中间找到平衡

真诚是一种可贵的品质。在日常生活中，我们需要在真诚与保护自己隐私之间找到平衡。在表达自己的想法和感受时，应考虑个人的处境，以及这样做可能带来的后果。另外，我们在与他人相处时，也要尊重他人的隐私，与他人保持和谐距离。

05 别为上司偶尔的批评而抓狂

> 愚者受到批评时，句句反驳。
>
> ——[苏联] 高尔基《十戈比银币》

“人在河边走，哪有不湿鞋。人在职场拼，哪能不挨骂。”即使步步为营，我们也难免有犯错的时候。

在职场中生存，被上司训斥是最窝火不过的事情：批评对了，面子上下不来；批评错了，更是觉得满腹委屈，比窦娥还冤。胆子大的会据理力争，性格软弱的只好眼泪汪汪，有苦难言了，自尊心强的甚至会因此而心存怨恨。

特别是初涉社会的大学生，社会经验不足，工作技能欠缺，出现差错而被上司批评是家常便饭。虽然说忠言逆耳利于行，但多数人是很难以积极的态度对待批评的。

小杨毕业快两年了。在学校学的是计算机专业，毕业后

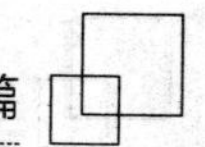

更是通过自学和几个月的培训，在专业能力上有了很大的提升。在前年9月份的面试中，小杨成功被一家知名的网络公司聘用，做了一个程序员，一年后还被公司领导提拔为一名小组长。

可从上个月开始，小杨很苦恼，他觉得自己好倒霉，第一份工作就碰上了一个不懂技术又喜欢指手画脚、脾气也不好的上司。上司对他的小组很不满意，似乎他们做的东西一文不值。

上个礼拜，因公司需要，小杨他们要在一个月内完成一个复杂的用户界面，可当小杨和所有的程序员加班加点把用户界面做出来的时候，上司却一点儿也不满意，并对他们大发雷霆，让他们重新修改。

两天之内，用户界面被改了六遍，面对怒气冲冲的上司，小杨有点忍不住了，对上司说了一句："只能这样了，这是最好的方案，不能改了，不然只会越改越糟。"

这时候，从来没有受到过这样顶撞、本就怒气冲冲的上司把对用户界面所有的不满发泄到小杨头上，小杨也不愿意再搭理上司，丢下怒不可遏的上司，一个人回办公室做另一个项目去了。

回到家后，小杨越想越气，觉得自己实在倒霉，摊上这么一个不可理喻的上司，第二天就辞职了。

在职场生活中，我们在和上司的相处过程中难免会有矛盾，处理矛盾时我们可以冷静下来。首先要想一想自己的责任是什么；然后再考虑为上司的批评而抓狂值不值；最后反思一下自己的行为是否也存在不妥。

记住，和上司争论是解决矛盾最愚蠢的方法。面对上司不合理的做法，可以提建议，而建议就意味着你的上司可以采纳，也可以不采纳。这是你不能左右的。

“小丽，你最近怎么搞的，发给陈老板的这个合同你怎么不早一点给我？你这不是耽误公司的事吗？”

小丽听了老板这样的话，真是哑巴吃黄连，明明自己上个礼拜就把合同交给老板了，是老板自己因为工作忙，而一直没有时间查看。自己的失误，现在却要责怪别人，真会推卸责任！

自从去年做了老板的助理以后，这样的事就频频发生。小丽心中总是耿耿于怀，偶尔也跟老板理论两句，想求得老板的理解和一句公道话。可小丽发现，自己的话刚说了一半，老板的脸就拉得比驴脸还长。

小丽后来仔细想想，老板经营一家公司，要打理好各种关系，也不容易，健忘也是正常的。事情的解决方法不是只有一种，既然不能改变老板的习性，那就改变自己的态度。于是，小丽调整了自己的心态和做事的方式。

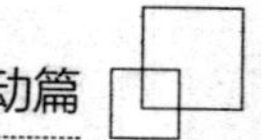

后来，她总是提前提醒老板：

“业务总结下周三就要交了，您批过了吗？”

“对了，营销方案您过目了吗？”

“合同我这边已经看过了，确认没问题。您得空记得过目。”

……

因为小丽工作能力强，仔细认真，三年后她被老板提拔为行政主管。

我们是自己情绪的主人，我们平和的情绪不能被别人的斥责所扰乱，即便是上司也不行。当上司的批评和训斥扑面而来的时候，我们可以：

1. 保持冷静，控制情绪

控制情绪是最为重要的第一步。在面对上司的批评和训斥时，我们的情绪很容易被点燃，然后产生愤怒、委屈或者沮丧等情绪。但此时，要提醒自己先冷静下来。可以在心里默默数几个数，平复自己的情绪，避免在情绪激动的情况下做出过激的反应。

冲动的回应只会让情况变得更糟。可能会引发一场激烈的争吵，不仅不能解决问题，还会使矛盾加剧。

2. 认真倾听

（1）让上司充分表达

让上司将批评你的话说完，这体现了你的礼貌。即使你觉得对方的观点可能失之偏颇，也请尽量耐心听完。

（2）理解批评的核心内容

仔细分析上司批评的重点。有时，上司可能会在情绪激动的情况下说很多话，但其中真正重要的也许只是一两句。

3. 客观评估批评的合理性

客观审视自己的行为。如果上司的批评是合理的，就真诚承认自己的错误。可以将此次批评当作一个自我提升的契机，并落到实处。

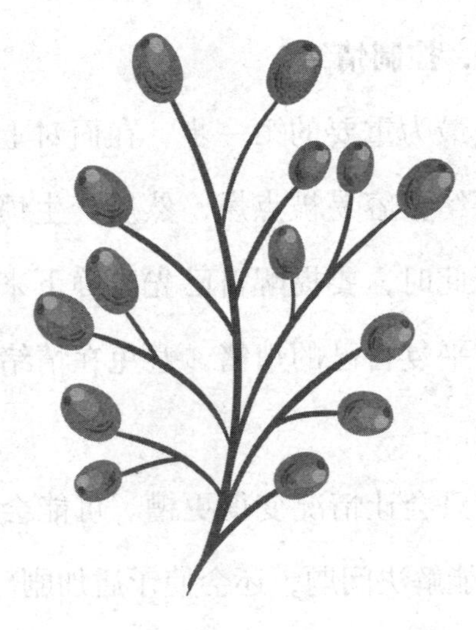

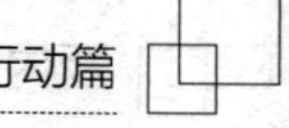

06 跨栏定律：把挑战困难当作是一种享受

> 铁是愈炼愈硬的。
>
> ——［苏联］高尔基

你面前的栏越高，你跳得也就越高。当你遇到困难或挫折时，不要被眼前的困境所吓倒，只要愿意你勇敢面对，坦然接受生活的挑战，就能克服困难和挫折。这就是著名的跨栏定律，是一位名叫阿费烈德的医学家发现的。

美国外科医生阿费烈德在解剖尸体时，发现了一个奇怪的现象：那些病逝者的患病器官并不像人们想象得那样糟。相反，在与疾病的抗争中，为了抵御病变，它们往往要比正常器官的机能更强。这个结论最早是在检查一个肾病患者的遗体时得出的。当他从死者的体内取出肾脏时，发现肾脏要比正常的大。在多年的医学解剖过程中，他不断地发现包括心脏、肺等几乎所有人体器官都存在类似的情况。

因此他撰写了一篇颇具影响力的论文。他认为患病器官因为和病毒作斗争而使自身的功能不断增强。假如有两个相同的器官，当其中一个器官死亡后，另一个就会努力承担起全部的责任，从而变得强壮。

后来他在给美术学院的学生治病时，又发现了一个奇怪现象：那些学生的视力大不如人，有的甚至还是色盲。他觉得这就是病理现象在社会现实中的映射。他把自己的思维延伸到更为广阔的领域。在对艺术院校教授的调研中，他发现结果与他预测的完全相同。一些颇具成就的教授之所以走上艺术道路，大多受其生理缺陷的影响。“缺陷”并未阻止他们前进的脚步，相反引领他们走向了艺术道路。

阿费烈德将这种现象称为“跨栏定律”，它可以解释生活中的许多现象，譬如盲人的听觉、触觉、嗅觉等多比一般人灵敏；失去双臂的人一般平衡感更强，双脚更灵巧。

在现实生活中，将“栏”视为成长阶梯，主动跨越，方能突破困局，看见希望，遇见更多可能性。

困难如同磨刀石，会磨砺我们的意志，激励我们挖掘自身潜能，从而拥抱更加卓越、更加璀璨的自己。

余秀华，一位湖北籍女诗人。母亲难产导致她在缺氧的情况下出生，她也因此成了一名脑瘫患者。19 岁时与其大 12

岁的丈夫尹世平结婚，他们的婚姻并不幸福。有一次，尹世平带余秀华去讨要800块钱的工资，为了给老板施加压力，他居然对余秀华说："你是残疾人，老板不敢撞你，待会儿老板的车子来了，你就拦上去。"余秀华不可置信地问："那如果他真的撞上来了怎么办？"眼见丈夫沉默，余秀华的心凉了半截。在丈夫的心里，自己的命还没800块钱重要。

之后，丈夫外出打工，余秀华每天在家里写诗聊以慰藉。2014年10月，余秀华曾因一首名为《穿过大半个中国去睡你》的诗火遍全网。自成名起，她就被贴上了"脑瘫诗人"的标签。余秀华也在极力挣脱这个标签。

余秀华花"天价"豪横"休夫"。2015年的一天，余秀华给正在外地打工的丈夫打电话提离婚，她对着电话怒吼："我就跟你说清楚，你这个月回来（离婚）我给你15万，下个月回来就10万！"于是，尹世平果断地回来办离婚手续，二人皆大欢喜。

2022年1月1日，一个来自湖北神农架的"90后"养蜂小伙儿杨槠策在短视频平台发布了一条和余秀华荡秋千的视频。视频中，杨槠策戴着墨镜，手捧着余秀华送给他的99朵玫瑰。同年4月29日，二人拍婚纱照的视频被公开。

有人问余秀华到底爱不爱杨槠策。余秀华毫不犹豫地说："我爱小羊（杨槠策），从头爱到尾，爱他每一根头发，每一根汗毛，爱他的每一个脚趾，连他脚趾上的指纹我都爱，我爱的不要不要的。小羊又年轻又帅又幽默又能干，他在我的眼里闪闪发光，像启明星，能爱就爱，为人民服务。没有他我活不了了。”杨槠策也深情款款地表示：“只要我活一天，我就爱她一天，不会离开她。”

2022年6月上旬，余秀华因杨槠策接收他人所发的“520元”及“1314元”红包，同杨槠策发生争吵。两个人越吵越凶，杨槠策激动之下甚至用手掐余秀华的脖子。

二人的激烈争吵迅速登上网络热搜。杨槠策在直播时骂余秀华是“小三”，说她是“渣女”，侮辱她“和很多男性都保持亲密关系”。这一面之词一时间确实能引来巨大的流量，也足以“毁掉”一个女性。毕竟余秀华是一名公众人物。可现实是，这些能够毁掉任何一个女性的毁谤，却伤不了余秀华分毫。因为余秀华在平日的公众场所丝毫不回避这些话题，她足够坦诚。杨槠策以为所有的女性都会被“名节”击垮。

7月6日晚，余秀华发微博（此条微博后被删除）称：（杨槠策）“掐我脖子，差点掐死”。次日，有人去探望余秀华，余秀华表示：“他还是打了我”“抽了我上百个耳光”。余秀华助理向记者表示：“暴力行为肯定是真的”，现在两人已分手。

后经警方调解，余秀华与杨槠策达成协议。当地派出所治安调解协议书中显示：

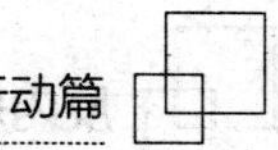

2022年7月5日晚，余秀华酒后与其男友杨槠策发生争吵，杨槠策在二人争吵时开视频直播，7月6日余秀华看到该视频后便与杨槠策进行理论，后二人发生争吵，在争吵的过程中杨槠策多次打余秀华耳光。另：2022年6月上旬，在神农架时，余秀华因杨槠策收他人所发的520元及1314元红包，双方发生争吵，杨槠策用手掐余秀华脖子。

经调解，双方自愿达成如下协议（包括协议内容、履行期限和方式等）：

①杨槠策向余秀华赔礼道歉。

②余秀华不再追究杨槠策因此事产生的任何法律责任以及经济赔偿。

③此协议为一次性调解，无任何遗留问题。

次日余秀华在微博中称："我这一生，走得实在辛苦，我一直咬牙坚持。"

一次访谈中，主持人问余秀华："自己、诗歌、爱情，你怎么排序？"她答："自己、诗歌、孩子、父母、爱情。没有自己，要别人有啥用呢？没有任何意义。"

作为诗人，余秀华在自己的世界里，用诗歌的形式尽情地展现自己绚丽的生命力。余秀华像一个孩子一样享受着诗歌带给自己的一切奇思妙想和天马行空。她的坦率与个性，让她获得了一个健全的精神世界。

生理上的缺陷可以毁灭一个人，但同样也能使这个人变得更强大。德国著名哲学家、诗人尼采说：“What does not kill me，makes me stronger.”（“杀不死我的，终将使我强大”）

我们不歌颂困境，但困境若势不可当地出现在我们面前，我们迟早要学会在困境中寻求一个平衡的立足点。既如此，何不欣然面对困境，当困境这个大敌来到我们面前时，提刀跨马，将其斩于马下，之后且歌且舞。

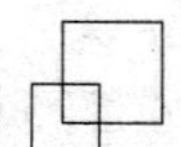

07 蘑菇定律：在阴暗之地默默成长

> 高筑墙，广积粮，缓称王。
>
> ——《明史·列传》

蘑菇定律是指初入职场者因特长没有显现出来，不受重视，接受各种无端的批评、指责，得不到必要的指导和提携，处于自生自灭的状态中，就好像蘑菇总是被置于阴暗潮湿的角落一样，长期得不到阳光和肥料，面临自生自灭的状况。“蘑菇”只有长到一定高度才能被人发现，它的生长必须经历这样一个过程。人的成长也会经历这样一个过程。这对那些初入职场的人来说，不一定是坏事，当上一段时期的“蘑菇”，能够舍弃不切实际的幻想，看待问题也更加客观。

相传，“蘑菇定律”是 20 世纪 70 年代由一批年轻的程序员总结出来的。这些独来独往的人早已习惯了人们的误解和漠视，所以他们在总结定律时自嘲和自豪兼而有之。

初涉职场的大学生，刚走出校园，多会对自己抱有很高的期待，认为自己应受到重视并且得到丰厚的报酬。然而往往事与愿违，几乎每一名优秀的职场人士都要经历被忽视、得不到认同以及最终被重用这样一个过程。

卡莉·菲奥里纳（Carly S.Fiorina）从斯坦福大学法学院毕业后，第一份工作是在一家地产经纪公司做接线员，她每天的工作就是接电话、打字、复印、整理文件。尽管家人和朋友都表示支持她的选择，但显然这并不是一个斯坦福毕业生应有的职场境遇。但她毫无怨言，在看似简单的工作中积极学习，不放过任何一个学习的机会。一次，她偶然得到了一个撰写文稿的机会。正是这一次偶然的机会让她的才能被看见，而她的人生也从此发生转变。

卡莉·菲奥里纳就是惠普公司前 CEO，被尊称为“世界第一女 CEO”。

既然被忽视的过程不可避免，那么对于职场新人来说，调整心态就显得尤为重要。当面临不受重视，无法施展才能的局面时，我们就要学会适应和坚持，全力以赴将手边的事情做好，为个人的发展打下坚实的基础。

刚走出校园的大学生，走进公司的大门，遭遇“蘑菇定律”时，如果放不下自己的那份骄傲，就意味着无法走出“蘑

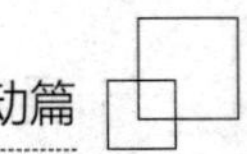

菇困境”。这就要求他们在遭遇到“蘑菇定律”时学会积极成长，抛弃掉自高自大，努力地汲取养分。当成长到一定阶段时，自然会被人注意到。而具体到现实生活中，可以这样做：

1. 保持积极的心态

初入职场可能会面临各种困难和挫折，但要保持积极的心态，相信自己有能力克服困难。积极的心态有助于自己更好地应对工作压力，提高工作效率。

2. 提升沟通技巧

学会积极与人交往，建立良好的人际关系。通过与同事或客户沟通交流，了解职场规则，提升沟通技巧。

3. 积累经验，主动学习

身处“蘑菇困境”时，做好基础性的工作是积累经验和提升技能的关键。不要因为工作琐碎而沮丧，相信这些工作会为成长打下坚实的基础。利用业余时间主动学习，提升自己的专业能力。通过网课学习、参加培训课程、阅读相关书籍等方法，增强自己的核心竞争力。

4. 适时展示自己的能力

当积累了一定的专业经验与技能后，适时展示自己的能力，让上级和同事看到自己的成长、发现自己的价值，为晋升打下坚实的基础。

5. 保持耐心与毅力

“蘑菇困境”是多数人成长的必经时期，期间可能会遇到各种困难和挫折，但只要保持耐心与毅力，不断努力，终会迎来职场的春天。

6. 专注个人成长

抛开一些不必要的杂念，专注个人成长，积极进取。须注意的是，长时间的绷紧精神容易疲累，可以允许自己偶尔懈怠，但千万不要情绪内耗，因为情绪内耗是一个死循环，只有自己主动跳出这个死循环才能结束它。须清楚，内耗毫无益处。

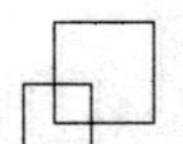

08 奥卡姆剃刀定律：学会将复杂的事情简单化

> 事以简为上，言以简为当。
>
> ——宋·陈骙《文则》

奥卡姆剃刀定律是14世纪由奥卡姆·威廉提出来的。奥卡姆出生在英格兰萨里郡，曾在巴黎大学、牛津大学学习，被人称为“驳不倒的博士”。他曾提出了这样一个原理：如无必要，勿增实体。其含义为：在进行理论解释时应选择最简单、最直接的解释，避免不必要的复杂性。

奥卡姆剃刀定律的本质是不做任何多余的事。如果有两个原理都能解释观察到的事实，那么最好相信简单的那个，直到发现更多的证据；对于现象，最简单的解释往往比复杂的解释更准确；如果有两个类似的解决方案，选择最简单的、需要最少假设的方案最有可能是正确的。总之，请让事情保持简单！

在一些人的印象中，思维方法往往与复杂联系在一起的。他们凡事总往复杂的地方想，而且以为解决问题的方式越复杂就越好，以致钻进牛角尖里无法自拔。事实上，学会将复杂的事情简单化，才是一种大智慧。

某大学的研究室，研究人员需要弄清一台机器的内部结构。这台机器中有一处由100根弯管组成的密封部分。要弄清内部结构，就必须弄清其中每一根弯管各自的入口与出口，但当时没有任何有关的图纸资料可以查阅。显然，这难倒了研究室的所有研究人员。大家想尽了办法，甚至动用了某些探测仪器，但效果都不理想。后来，一位学校环卫大爷看到他们这么为难，就提出了一个简单的方法，很快就将问题解决了。

老大爷所用的工具只是两支粉笔和几支香烟。他的具体做法：点燃香烟，吸上一口，然后对着一根管子往里喷。喷的时候，在这根管子的入口处标记“1”。这时，让另一个人站在机器的另一头，见烟从哪一根管子冒出来，便立即标记“1”。照此方法，不到两个小时便把100根弯管的入口和出口全都弄清了。

一个简单的问题难倒一帮知识分子，却被一位环卫大爷

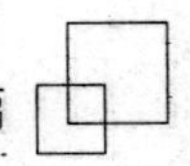

轻松解决，可见环卫大爷是一个有着大智慧的人。

面对难题，抓耳挠腮，不如换个角度，转变方向，或许思路会豁然开朗。

在现实生活中，总会有一部分人错误地认为：想得越多就越深刻且透彻，写得越多就越能显示出自己的才华，做得越多就收获越多。他们从来不去考虑问题本身。一味盲目地追求“量”，却未认识到，只有合适的才是最好的，否则又有什么意义呢?

“多”不一定就是好，“少”未必就是不好。有些时候，“多”是累赘，是画蛇添足，会显得没有章法。盲目求多、贪多，事情就有可能变得一团乱麻，理不出头绪。凡事合适即可。

现实生活中，可以这样运用奥卡姆剃刀定律：

1. 企业管理方面

奥卡姆剃刀原理可以帮助企业简化决策过程，抓住主要矛盾，解决根本问题，保持正确的方向。例如，在商定投资策略中，排除无效信息，简化投资过程，集中精力处理重要事项。

2. 日常生活方面

奥卡姆剃刀原理可以帮助我们在日常生活中减少思考成本，极简生活。例如，通过舍弃无效途径或者低效方法，减少选择，可以降低事情的复杂程度，提高做事的效率。

09 苏轼：反内耗第一人

莫听穿林打叶声，何妨吟啸且徐行。竹杖芒鞋轻胜马，谁怕？一蓑烟雨任平生。

——宋·苏轼《定风波·莫听穿林打叶声》

谁能不爱苏轼？千百年来，很少有人能像苏轼这样，在诗词、文章、书法、绘画等不同领域都取得很高的成就。更难得的是，苏轼还很会享受生活，是“大江东去，浪淘尽，千古风流人物”的大文豪，也是“只恐夜深花睡去，故烧高烛照红妆”的文艺中年。

“人生缘何不快乐，只因未读苏东坡。”而苏轼身上的诸多精神表明，他也是“反内耗第一人”。下面，就让我们来了解一下苏轼是如何反内耗的。

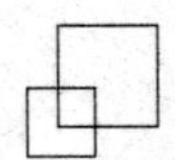

1. 仕途坎坷，却能泰然处之

苏轼一生多次被贬谪，仕途极为不顺。例如，他因“乌台诗案”被贬黄州（公元 1080 年）。这是他人生的重大挫折，一般人可能会因此陷入自我怀疑和无尽的痛苦中，悔不当初，反复思考自己是否不该写诗针砭时弊、是否得罪了不该得罪的人等诸多内耗问题。然而，苏轼却没有。在黄州，他写下《赤壁赋》。文中他体现了对宇宙和人生的豁达思考：“寄蜉蝣于天地，渺沧海之一粟。哀吾生之须臾，羡长江之无穷。”这种感慨并非消极的自怨自艾，而是在宏大的自然面前，放下个人得失。

他还在黄州开垦东坡，并自号“东坡居士”，将贬谪的生活过得别样精彩。他接受了仕途不顺的现实，却没有陷入“我为什么会遭遇这样的命运”之类的内耗之中，而是积极地适应新环境，享受田园生活。

2. 生活变迁，依然乐观应对

苏轼被贬岭南时（苏轼于北宋绍圣元年，即公元 1094 年被贬岭南），当地的生活条件极为艰苦。但他却写下了“日啖荔枝三百颗，不辞长作岭南人”的诗句。他没有内耗于自己被贬到偏远之地的不幸，而是发现了当地荔枝的美味，以乐观的心态享受生活中的小美好。这种心态体现了他对生活变迁的乐观态度，没有因为环境的改变和生活的不如意而陷入消极情绪。即使在更偏远的海南儋州（苏轼于北宋绍圣四年，即 1097 年被贬海南儋州），他依然没有放弃自己的生活情趣。他在当地传播文化知识，教当地人读书写字，传播中原文化。他没有因为远离政治中心，生活条件恶劣而自怨自艾，反而在当地积极作为。这充分展现了苏轼不内耗的状态，他始终向前看，并积极地投入生活。

3. 对人生价值的多元化理解

苏轼在文学创作、美食、书法等多个领域找到了人生的乐趣与价值。比如，他对美食的热爱，制作了东坡肉、东坡肘子、东坡饼等美食。即使在贬谪期间，他依然会通过美食来慰藉自己的心灵，没有因为政治上的失意而觉得自己的人生毫无价值。

这种多元化的人生价值观使他不会把所有的精力都集中在某一个方面的得失上，从而避免了内耗。他能够在不同的生活境遇中找到自己的位置，无论是在朝堂之上还是在偏远之地，都能尽情享受生活带给自己的乐趣。

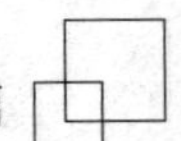

10 “山不过来，我就过去”

山重水复疑无路，柳暗花明又一村。

——宋 · 陆游《游山西村》

在日常生活中，一帆风顺、马到成功是美好的愿望。而人生不如意事十有八九。我们常常会遇到困难，遭受挫折，碰到瓶颈，也必然会有“头撞南墙”“吃闭门羹”之时。

我国有《愚公移山》的故事，《古兰经》中也有一个关于移山大法的典故。

一个年轻人听说世上有一种“移山大法”。而在这个世界上，这种神奇的大法只有一位大师才精通。于是他决定去寻找这位大师，拜他为师。

经过跋山涉水、风餐露宿，年轻人终于找到了传说中的那位大师。年轻人一见到大师，就扑通一下跪倒在地，请求大师收他为徒。

大师很豁达，说："我可以教你移山大法。"年轻人高兴极了。

一天，大师带着年轻人来到一座大山前，开始念咒语。年轻人瞪大眼睛看着大师接下来的动作。

只见大师笑盈盈地走到山的另一边，然后对年轻人说："这就是移山大法。"

年轻人一头雾水，不解。

大师平静地道："山不过来，我就过去。"

"世上无难事，只怕有心人。"现实中不存在真正的移山大法，却存在一颗智慧的心，慧在变通，慧在创新。

问题的答案并非只有一个，难题的解决方案也并非只有一种。对于无法改变的事情，坚持和执着有时候是一种愚钝，变通和突破才是智慧。看起来不可能的事，也许转一个弯就迎刃而解了。

美国著名魔术师大卫·科波菲尔出生于新泽西州的一个移民家庭。大卫从小就是一个学习不好的孩子，经常被老师批评。

一次，大卫在放学回家的路上看到一个老妇人为了一张被老鼠啃坏的一美元钞票而伤心。为了让老人开心，他回家悄悄将自己的一美元钞票交给了老人。他告诉老人，他用魔

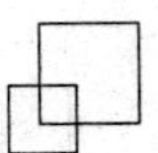

法将丢失的钞票变了回来。老人很感动，称赞他是一个善良聪明的孩子。

大卫的父亲听说了这件事，决定带他去波士顿玩，以奖励他的善行。

在旅行途中，汽车在小站停下了，父亲下车买东西。还没等父亲回来，汽车已经带着大卫的哭喊声呼啸远去。大卫很害怕，怎么办？父亲没赶上车，怎么到波士顿？大卫越想越害怕。

波士顿终于到了，大卫下车时却看到父亲正在不远处等着他。

“爸爸，你是怎么来的？”大卫惊讶地问。

父亲说：“我是骑马来的。”

大卫赞叹不已。

父亲语重心长地说：“只要我们能到达目的地，管它用什么方式呢！孩子，你学习不好，并不代表你在其他方面也做不好，换一种方式吧！”大卫猛然醒悟。

后来，大卫对魔术产生了浓厚的兴趣，跟随一些魔术师学习魔术。他开始为自己的梦想奋斗。教他魔术的老师发现他在这方面具有很高的悟性，学东西很快，而且每次都能在原有的基础上有所创新。最终，大卫成了大名鼎鼎的魔术师。

解决问题的方式并非只有一种，人生的道路并非只有一条。“山不过来，我就过去”是一种豁达开阔的人生态度。面对残酷的现实，我们需要做的不是无谓的牺牲，不是和它硬碰硬，可以换个角度，改变自己，面对人生施加于我们的磨难。

世上本无移山术，就像人生并无捷径。当你还在感叹时运不济、命运不公、怀才不遇时，有人已握紧拳头，将命运掌握在自己手里了。如果无法改变别人，那就先改变自己；如果改变不了环境，就学会去适应环境。“山不过来，我就过去”，向我们传达了一种积极主动、灵活应变的处事态度和思维方式。

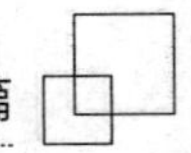

11 学会摆脱“情绪勒索”

> 什么是欺侮呢？这就是把我个人的意愿强加于人。
>
> ——[英]D.H. 劳伦斯《人的秘密》

河南郑州一位 28 岁女青年在社交平台上分享自己被母亲“情绪勒索式催婚”的经历。她的母亲认为女儿不结婚让自己很没面子，让自己的人生很失败，不断给女儿施压。女儿表示没有遇到合适的结婚对象，母亲却不理解，甚至贬低打压女儿，说“什么锅配什么盖，别把自己想得太优秀”等话，给女儿带来了很大的压力，女儿也很委屈。

事例中母亲的行为便是情绪勒索。情绪勒索，也叫情感勒索，指人际关系中的一种情感操控行为，一方通过操控另一方的情绪来达到自身目的的行为。它是一种软暴力。

情绪勒索具体有以下几种表现方式：

1. 冷暴力型

情绪勒索者通过冷淡、沉默、回避等方式来“惩罚”对方。比如在朋友关系中，一方因为对另一方不满，于是长时间不回应对方的信息和电话，让对方陷入自我怀疑和不安之中，从而迫使对方主动迎合自己，改变自己的行为以重新获得关注。

2. 施压威胁型

施压威胁型情绪勒索比较直接，勒索者会以明确的威胁手段来达到自己的目的。例如在家庭中，父母对孩子说：“你要是再不结婚，就不要再叫我妈！”这种情绪勒索方式往往利用了对方对负面结果的恐惧。

3. 情感绑架型

情绪勒索者利用彼此间的情感关系来让对方产生愧疚感。比如情侣之间，一方会说：“我为你付出了这么多，你连这点小要求都不答应我，你根本就不爱我！”亲情关系中，“我含辛茹苦把你养大，你就是这么报答我的？”通过强调自己的付出和牺牲，让对方觉得如果不按勒索者的意愿行事就是忘恩负义。

小美和小亮是一对小夫妻。两人相恋多年后结婚。婚后小美做了全职主妇，小亮的事业也风生水起。小美比较缺乏安全感，精神上很依赖小亮。

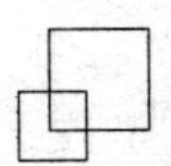

有一次小亮因为工作忙，没有及时回复小美的信息。小美就开始不停地打电话，等小亮终于接起电话时，小美哭着说：“你是不是不爱我了？如果你爱我，怎么会连我的信息都不回？你知道我有多担心你吗？我现在心里很难受，你要是再这样，我都不知道自己该怎么活下去了。”小亮拖着疲惫的身体听到小美这样说，感觉自己好像犯了天大的错误，内心充满了内疚。小美以自己可能会受到伤害的方式，甚至极端行为来威胁小亮，让小亮产生愧疚感，从而满足小美自己对关注的需求。

在现实生活中，我们该如何应对情绪勒索呢？

1. 识别情绪勒索的行为

当我们在关系中感觉不安、压力或愧疚，并且这种感觉总是伴随着对方提出要求时，要警惕可能是遭遇了情绪勒索。例如，每次和某人交流后，自己都会有不好的情绪体验，而这种情绪与对方希望自己做的事情相关。

2. 保持自我边界

明确自己的底线和价值观，保持自我边界，不轻易因对方的话语所动摇。比如当朋友提出不合理的要求并试图以情感来绑架自己时，可以勇敢说“不”，并告诉对方自己的原则和底线。

3. 学会沟通与表达

尝试与情绪勒索者沟通，清楚表达自己的感受。例如，可以选择一个合适的时机，平和地向对方表达“你这样的行为让我很有压力，我希望我们能改变这种相处方式”。如果沟通无效，也可以考虑寻求第三方的帮助，如双方都信任的朋友、心理咨询师等。

心态篇

我轻松愉快走上大路，
我健康自由，世界在我面前，
长长褐色的大路在我面前，指向我想去的任何地方。
从此我不再希求好运气，我自己就是好运气，
从此我不再抱怨，不再迟疑，什么也不需要，
消除了闷在屋里的晦气，放下了书本，摆脱了苛刻的责难，
我强壮满足，迈步走上大路。

[美] 惠特曼《野草集》

01 上帝也没办法事事如愿，何况你我

事无全遂，物不两兴。

——明·徐祯稷《耻言》

宋代诗人方岳有诗曰：“不如意事常八九，可与语人无二三。”我们多是普通人，于烟火人间奔波不止。沧海一粟，天地蜉蝣，为何不卸下执念，自由自在。

曾经有这样一则笑话广为流传。

一天，一个信徒来到天堂，问上帝：“我敬仰一生的上帝，我有一件事情没有明白。”

上帝和蔼地说：“我的孩子，你说，我一定好好为你解答。”

信徒问：“我们都是您迷途的小羊羔，请问上帝，您是万能的吗?”

上帝答：“是。”

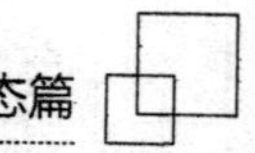

信徒又很疑惑地问："请问您可以制造一块连您都搬不动的石头吗？"

上帝答："不可以。"

信徒："我的上帝，您连一块石头都搬不动，还是无所不能的吗？"

上帝语塞。

连上帝都没办法事事如愿，何况你我？当我们遇到不顺心、不如意的事情时，不必抱怨天不时、地不利、人不和，也不必抱怨我们的"坏运气"，放平心态。接纳不完美不仅是对自我的温柔，也是对生活的敬意。

一位即将圆寂的老方丈知道自己快离开人世了，就想从两个徒弟中选一个有慧根的徒弟作为衣钵传人。

一天，老方丈把俩徒弟叫到跟前，对他们说："现在我给你们布置一个任务，你们出去挑选一片最完美的树叶。"两个徒弟领命，出院门而去。

过了一晌午，大徒弟回来了，他递给师父一片并不是十分漂亮的树叶，对师父说："这片树叶虽然有残缺，但它是我这一路上见过的最完美的树叶了。"二徒弟在外面转了一天，直到夕阳西下，最终还是空手而归，他失望地对师父说："我看到了很多很多完美的树叶，但是怎么也挑不出一片最完美的。"

最终，老方丈将衣钵传给了大徒弟。

故事中的老方丈也明白世界上不存在完美的树叶，却存在相对完美的树叶。

在现实生活中，我们可以允许不完美的存在，允许问题的存在，允许自己出错，允许事情发生。这些都没关系，学会和不完美和谐相处，是接纳自我和成长的重要步骤。我们要学会正视自己的不完美，并从中寻求成长和进步的空间。具体可以这样做：

1. 接纳不完美

学会改变思维方式，接受自己不完美的部分，并相信自己也有闪光点。给予自己肯定和正能量，培养积极的生活态度。

2. 确定优先级

了解自己的优点和缺点，不要总是将注意力放在自己的缺点上。发挥自己的优势，关注自己能够做得好的事情。

3. 学会宽容

不要总是苛求自己，也要学会宽容他人和接纳他人的不完美。深刻认识到每个人都有自己的不足。

4. 承认错误并从中学习

当我们犯错时，不要否认或逃避，勇于承认错误并尝试从中寻求解决问题之法，这样可以让自己变得更加成熟和自信。

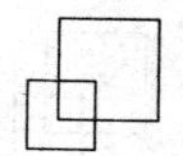

02 没事别和自己较劲

凡事较之最苦则乐，得失听之有命则安。

——明·来斯行《槎庵燕语》

如果有这样一个场景，你正在擦桌子，失手打翻了放在桌子上面的金鱼缸，“哐当”一声，鱼缸跌落下来，碎了一地，可怜的金鱼在那片水中跳跃着、挣扎着……这时候，你会怎么做呢？是生气地责备自己做事莽撞，是对着被打碎的漂亮鱼缸惋惜，还是马上将金鱼放进水里，并收拾残局。聪明的你，一定会选择后者。对于已经发生的事情，一味追悔徒劳无益，眼前最重要的是控制事态发展，记住教训，避免下次重蹈覆辙。

事情既然已经发生，成为事实，继续惋惜毫无用处。有时我们可能无法立即调整自己心态，从情绪中跳脱出来，因此可以给自己一些时间。但绝不能长时间沉溺其中。

中年人查理，家庭美满，事业有成，在旁人看来是幸福之人，但查理身在福中不知福，觉得人生空虚，彷徨无奈，甚至产生了轻生的念头，后来查理不得不去看医生。

医生给他开了四副神秘的药，对查理说："药你先不要拆开，你明天早上6点前独自到海边，千万不要带任何东西，分别在6点、9点、12点和18点依次服药，之后你的病就好了。"

查理第二天依照医生的嘱咐来到海边，6点时太阳正好从海平面升起，金黄色温暖的阳光洒在查理身上，查理的心情突然变好了。他打开药包，正准备服用，却发现里面一颗药也没有，纸上赫然写着"聆听"二字。查理静静地坐了下来，开始聆听海边的声音，有风吹过耳边的声音、海浪拍打沙滩的声音、海鸥的叫声，甚至查理自己的心跳声。他安静地感受着大自然的节奏，惬意得快睡着了。

到了9点，查理打开第二个药包，里面写着"回忆"。他开始回想起自己年少时期的恋人；想起艰苦创业的中青年时代；想到年迈的父母头上的白发；想到与亲朋之间的欢聚……查理的内心重新燃起一股生命的力量和热情。

中午12点，查理打开第三个药包，里面写着"检讨"。他回想起自己曾经对妻子关爱有加，现在因为工作的繁忙对

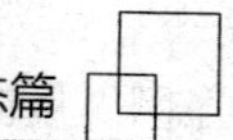

妻子越来越冷漠；想起自己可爱的儿子，自己有多少个周末没有陪他去游乐园；想起很久不曾联系的朋友；想起父母上周还打电话过来让去吃饭……

夕阳西下，查理打开了最后一个药包，只见里面写着“把烦恼写在沙滩上”。他信步走到离大海最近的一片沙滩上，写下“烦恼”二字，大海浪拍来，立即吞没了他的“烦恼”，海浪退去，沙滩上依旧一片平坦。

和自己较劲容易陷入情绪的泥潭，影响心情不说，还影响生活。总而言之，得不偿失。在现实生活中，具体应该怎么做才能避免和自己较劲呢？

1. 接受自己的不完美

每个人都不是完美的，接受自己的不完美可以减少自我批评与自我否定。

2. 找到自己的优点

虽然自己有缺点，但也有许多优点。挖掘自己的优点，可增强自信心。

3. 进行积极的内心对话

当发现自己开始自我批评时，暗示自己“每个人都会犯错误”。这种积极的内心对话有助于减少自己的负面情绪。

4. 不压抑情绪

遇到困难时，感受自己的情绪，不压抑它们。这可以让自己更好地接纳自己并从中学习如何变得更好。

5. 调整期望

适度调整自己的期望，接受自己的现状和能力。

6. 寻求支持

如果难以接纳自己的不完美，可以寻求信任的朋友或心理咨询师的帮助，他们可以提供一些建议或专业的指导与支持。

通过这些方法，我们可以逐渐学会不和自己较劲，减少内耗，让自己的心态变得平和，状态更加松弛。

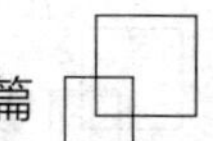

03 在年龄面前，人是无能为力的

> 天有常道矣，地有常数矣。
>
> ——《荀子·天论》

孩童时，我们期待快点成长；暮年时，我们期待留住时间的脚步，重回我们的青春时代。在年龄面前，人是无能为力的。年龄对任何人而言都是公平的。我们每一个人都会在时间的流逝中增加年岁。

20 世纪 80 年代，一个年轻人唱着“你就像那冬天里的一把火，熊熊火焰温暖了我的心窝”红遍了大江南北，全国的男女老少为他而疯狂，而成为他的铁杆粉丝。这个人就是跨越了几代人音乐记忆的歌坛天王——费翔。费翔是中美混血，面相俊朗，气质优雅，从美国斯坦福大学戏剧专业毕业后，走上了歌手道路。1987 年，他用一首《冬天里的一把火》征服了所有的歌迷，央视春晚，一夜成名。

而后费翔又走南闯北，在十几个城市举办了六七十场演唱会，而且场场爆满。

“任时光匆匆流去，我只在乎你”，如今当年用歌声风靡全国的费翔也六十多岁了。然而，时间似乎对这位艺术家特别仁慈。费翔依然精神抖擞，尤其是那双眼睛，依然闪烁着对艺术的热爱和对生活的热情。

害怕变老是一件很正常的事情，因为变老似乎意味着热情的减退、精力的消逝。当衰老逼近我们的时候，我们开始变得惊慌失措，开始申诉岁月的无情，拼命地想掩盖时间和岁月在我们身上留下的痕迹。我们想抚平皱纹，染头发，甚至妄图寻找永葆年轻的“灵丹妙药”。

害怕变老，在女性身上表现得尤其明显。其中的原因非常复杂。

1. 生理变化

随着年龄的增长，女性的生理会发生一系列变化，如皮肤松弛、皱纹变多、身体机能下降等，这些变化会让一些女性对自己的外貌与身体状况担忧，从而产生焦虑。

2. 社会压力

社会对女性的期望也是导致女性害怕变老的重要因素之一。在传统世俗观念中，年轻和美貌被视为女性的价值所在，

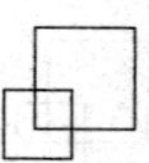

而随着年龄的增长，这种价值可能会受到质疑和挑战。这就导致许多女性在面临衰老时会感到不安。显然，这种观念是陈腐的。然而新时代女性虽然意识到这个问题，奈何问题本身存在已久，女性很难跳脱社会传统的评价系统。社会观念的转变需要足够久的时间，这里面离不开几代甚至几十代女性的努力。

3. 自我认知

女性的自我认知也会影响她们对变老的态度。女性更容易在意自己的年龄和外表，将衰老看作自己的失败或价值的降低。这种消极的自我认知会让她们对衰老产生过度的担忧和焦虑。

在现实生活中，如何正视自己的年龄呢?

1. 树立正确的年龄观念

变老并不意味着能力与智慧的减少。真正的能力是日积月累的成长、进步和极致的专业。变老仅仅代表时间的流逝，并不一定能带来阅历的增长。因此，也不要把年龄当作逃避责任和不思进取的借口。

2. 发现每个年龄段的独特魅力

每个年龄段都有其独特的魅力和精彩，20 岁青春、30 岁成熟、40 岁充实、50 岁通透、60 岁豁达……每个阶段都值得珍惜和被接纳。真正让人变老的，不是年龄，而是自弃的心

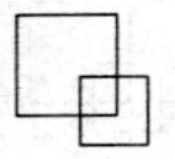

态和干涸的精神之泉。

3. 保持好奇心和乐观的心态

保持好奇心可以让人永远处于学习和发现新事物的状态。例如，汪曾祺从年轻到年老，始终保持着一颗对生活充满好奇的心，活得诗意满满。另外，心态决定状态，心态好的人总能从容面对生活，巧妙化解遇到的烦恼，享受生命的每个阶段。

4. 发现年龄的优势，活出自己喜欢的样子

将视角从“变老一岁”转变为“成长一岁”，发现年龄的优势，专注当下，然后利用这些优势加倍努力。

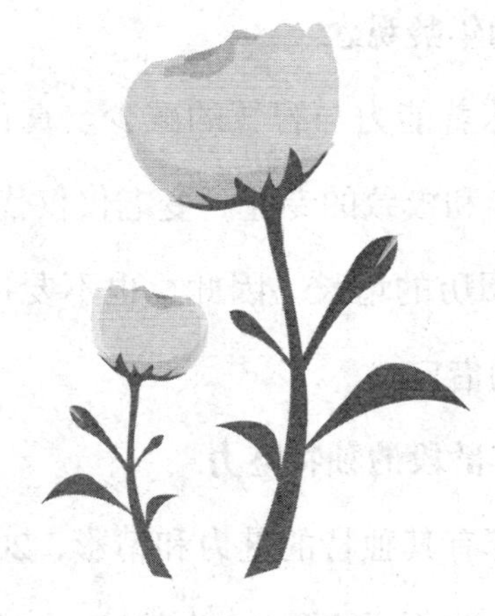

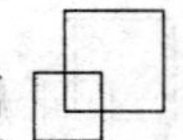

04 不必伤春悲秋，四季更迭是自然规律

> 自古逢秋悲寂寥，我言秋日胜春朝。
>
> ——唐·刘禹锡《秋词二首》（其一）

有人说过这样一句话：“世界上最快而又最慢、最长而又最短、最平凡而又最珍贵、最容易被人忽视而又最令人后悔的就是时间。”早在千年之前，孔子就感叹过：“逝者如斯夫，不舍昼夜”。四季更迭，岁月轮回，这是大自然亘古不变的规律。

过去的时光该如何追溯？逝去的年华该如何挽留？我们想弥补童年时期的遗憾，我们忘不了年少时的初恋，我们经常回忆起曾经的快乐……可是在时间的长河面前，一切的追悔都是徒劳的，一切的言语都是苍白无力的。

伤春悲秋的人，也容易沉湎于过去。而时常回忆过去，

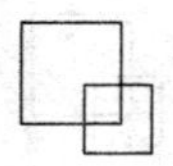

纵然可以说明他是一个念旧和重感情的人。但于现实而言，无益处。沉湎于过去，活在回忆中，从侧面说明，他当下大概率过得并不开心。一个活在当下，专注于自己的人是不会时常回忆过去的，因为他没有时间，他有太多的事情要去做，有太多的愿望要去实现。

在现实生活中如何避免伤春悲秋呢？具体可以这样做：

1. 多晒太阳

秋天日照时间短，缺乏阳光照射会让人疲惫，甚至变得抑郁。每天上午 10 点晒 30 分钟太阳，可以调整生物钟，改善情绪。

2. 规律作息

按时起床和入睡，避免长期待在灰暗的房间中，保持生物钟的稳定。

3. 健康饮食

多食富含色氨酸的食物，如香蕉、大豆、鱼肉、杏仁和牛奶等，这些食物能促进血清素的分泌，改善情绪。另外，摄入富含 B 族维生素的食物，如蔬菜、鸡蛋和全麦面包等，也有助于改善情绪。

4. 适当运动

定期进行体育锻炼，如慢跑、跳舞、游泳等，可以释放内啡肽（内啡肽是一种由身体自然产生的物质，是身体自我

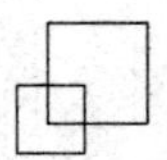

调节疼痛和情绪的重要化学物质，被称为“天然止痛药”)，提升心情。

5. 社交互动

多结交朋友，参加集体活动，保持社交联系，可以消解孤独感和忧郁情绪，培养积极的心态。

6. 心理调适

尝试通过冥想、瑜伽或其他放松技巧来减轻压力，保持心理健康。

7. 艺术和文化活动

逛一逛艺术展览、听一听音乐会或参与其他文化活动，可获得精神上的慰藉。

8. 设定目标

给自己定一个小目标，如学一门语言、掌握一项工作技能等，保持动力和积极性。

通过以上的方法，可以调整自己的状态，保持积极的生活态度，可以有效缓解因季节变化引起的悲伤情绪，也可以避免沉湎于过去的回忆中难以自拔。

05 强求不得，就顺其自然吧

> 夫唯不争，故无尤。
>
> ——《老子》

俗话说“强扭的瓜不甜”，就是说，这瓜不是不甜，只是时机未到，顺其自然，等到时机成熟，瓜自然而然就甜了。很多事情，有时并非强求就能如愿，并不是努力了就什么都可以得到。在现实生活中，我们常常遇见一些无可奈何的事情：上司对我们毫无来由地大发脾气、一段离我们远去的友谊、一段渐渐消逝的美好时光，甚至一场让人崩溃的天灾人祸等等。对于这些已然成为事实的事情，我们不得不接受。

在日常生活中，有些事情不会因你的担心害怕而不发生，有些事情也不因为你的期待祈求而降临，顺其自然就好。顺其自然可以让人远离担心害怕，抛去杂念烦恼可以让人心灵

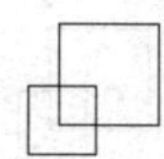

安宁。

最让人担心的事情还是发生了，小娜曾经无数次想象过这样的事情，就这样让自己措手不及地发生了。

最伤害你的，莫过于你的爱人和好朋友了。一个是自己相恋五年的男友，一个是自己从小到大的闺蜜。男友抛弃了自己，闺蜜背叛了自己，31 岁的小娜不仅失去了爱情，还失去了友情。

她想起自己和男友的种种美好。难道所有的诺言，都是假的吗？难道所有美好的回忆他都忘记了吗？

而且，男友喜欢上的还是自己最好的朋友；而最好的朋友竟然也选择和他在一起。这置自己于何地？

小娜去男友的公司找他，男友却避而不见，谎称自己已离职，还说了很多伤害小娜的话。看来，一切已成定局，毫无回转余地。一时之间，小娜无法接受现实，整个人瞬间消瘦，神情恍惚。

当突然被分手，一时间难以接受是非常正常的，之后情绪反扑也在情理之中。而在安全度过失恋期之后，请务必重新回到阳光灿烂的生活轨道中。世事不能强求，感情的事更不能勉强。当对方不再爱你的时候，请果断选择放手吧。虽然过程很艰难，但终归要面对。

又赶上毕业季，很多年轻的毕业生从学校涌向社会。暑假里，胡总的公司也开始招聘市场推广员，来应聘者络绎不绝，其中最引人注意的，是一个从美国留学回来的海归男。海归男是设计专业出身，却放弃设计行业来应聘市场推广员。

胡总看见那个海归男来应聘，实在好奇，便忍不住问："你为什么不选择设计行业，而要选择这压力大又辛苦的市场业务工作？"

海归男笑了笑说："因为我不是做设计的料呀！"

于是胡总就更加惊讶了，既然不是做设计的料，为什么还要选择设计专业呢？

海归男坦然道："因为我的专业是父母选择的，他们从来没有征求过我的意见。其实，我不是那块料，对设计更是一点热情也没有。"

已为人父的胡总说："那你父母一定很失望吧？"

"现在应该已经接受了吧，他们浪费了这么多的时间和精力，总算认识到凡事不能强求。我这人乐于交朋友，我想我更适合业务这份工作，我喜欢挑战自己。"

胡总后来录用了这个年轻人。

生命中总会有一些人或事，让我们感觉到无奈。这些无奈是一种难言的伤痛和悲哀。既然事情已注定，无法挽救，那就只有调整心态，用豁达的心胸去坦然接受，微笑着去面对，调整好心态，从头开始。

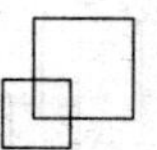

时间是一剂抚平伤口的良药。时间冲不走一切，但终究会冲淡一切。既然无可奈何，就随它去吧，内耗无益，我们要做的是专注于当下，专注于自己。

06 放弃是选择的另一种表达

提得起，放得下。

——《格言联璧》

两个贫苦的樵夫靠上山捡柴糊口。有一天，他们在山里发现两大包棉花，两人喜出望外。棉花价格高过柴薪数倍，将这两包棉花卖掉，足可供家人一个月衣食用度。当下两个人各自背了一包棉花，赶路回家。

走着走着，其中一个樵夫眼尖，看到山路上被谁扔了的一大捆布，走近细看，竟是上等的细麻布，足足有十多匹。他欣喜之余，和同伴商量，一同放下背负的棉花，改背麻布回家。他的同伴却有不同的看法，认为自己背着棉花已走了一大段路，到了这里丢下棉花，岂不枉费自己先前的辛苦，便坚持不愿换麻布。先发现麻布的樵夫屡劝同伴，同伴不听，

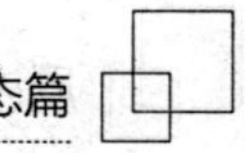

只得自己竭尽所能地背起麻布，继续前进。

又走了一段路后，背麻布的樵夫望见林中闪闪发光，走近一看，地上竟然散落着数坛黄金，心想这下真的发财了，赶忙邀同伴放下肩头的棉花，改用挑柴的扁担挑黄金。

同伴仍不愿丢下棉花，还是枉费辛苦的论调，并且怀疑那些黄金是不是真的，劝他不要白费力气，免得到头来空欢喜一场。

发现黄金的樵夫只好自己挑了两坛黄金，和同伴赶路回家。走到山下时，无缘无故下了一场大雨，两人被淋了个透。更不幸的是，背棉花的樵夫背上的大包棉花，吸饱了雨水，重得已背不动。那樵夫不得已，只能丢下一路舍不得放弃的棉花，空着手和挑金子的同伴回家而去。

面对来临的机会，人们常有不同的选择方式。有的人会审时度势，果断放弃之前的选择，做出目前情况下更有利的选择；而有的人却像骡子一样，固执地不肯接受任何改变。

有时不切实际地一味执着，是一种愚昧与无知，而放弃则是博弈的一种智慧。在人生的每一个关键时刻，应审慎地运用智慧，做合理的选择，同时别忘了及时审视选择的角度，适时调整。要学会从各个不同的角度全面分析问题，放弃无谓的固执，冷静地用开放的心胸做事。

一只猩猩手里抓了一把豆子，高高兴兴地在路上一蹦一跳地走着。一不留神，手中的豆子滚落了一颗在地上。为了这颗掉落的豆子，猩猩马上将手中其余的豆子全部放置在路旁，趴在地上，转来转去，东寻西找，却始终不见那一颗豆子的踪影。

最后，猩猩只好用手拍了拍身上的灰土，回头准备拿取原先放置在一旁的豆子。怎知那颗掉落的豆子没找到，原先的那一把豆子却全部被路旁的鸡、鸭吃得一颗也不剩。

有时候，人们为了得到更多，而失去了不该失去的东西。想想我们现在，是否也放弃了本来拥有的一切，却偏偏去追求一些华而不实的东西？所以，我们都应当学会合理地放弃。生活中，有时不好的境遇会不期而至，令我们猝不及防，这时我们更要学会运用博弈思维，勇于放弃。

迈克·莱恩是一名探险队队员。1976年，他随英国探险队成功登上珠穆朗玛峰。就在他们下山的时候，开始下大雪。他们每行走一步都极其艰难，最让他们害怕的是风雪根本就没有停下来的迹象。当整个探险队陷入迷茫的时候，迈克·莱恩率先丢弃所有的随身装备，只留下不多的食物，提出轻装前行。他的这一举动几乎遭到所有队员的反对，他们认为现在到山下最快也要10天时间。这就意味着这10天里不仅不能扎营休息，还可能因缺氧而使体温下降导致冻坏身体，那样，他们的处境将极其危险。

面对队友的顾忌，迈克·莱恩坚定地说：“我们必须而且只能这样做！这样的天气十天甚至半个月都有可能不会好转，再拖延下去全部路标也会被掩埋。丢掉重物，就意味着不允许我们再有任何的幻想和杂念，只要我们坚定信心，就可以加快行走的速度，也许这样我们还有生的希望！”最终，队友们采纳了他的建议，大家一路互相鼓励，忍受疲劳、寒冷，不分昼夜，只用了8天时间就到达了安全地带。恶劣的天气确实正像迈克·莱恩所预料的那样从未好转。

这一年，英国伦敦国家军事博物馆负责人找到迈克·莱恩，请求他赠送给博物馆任何一件与英国探险队当年登上珠峰有关的物品，迈克·莱恩毫不犹豫地将他那次下山时因冻坏而被截下的10个脚趾和右手的5个指尖交给了他。

正是由于迈克·莱恩当年一次正确的放弃，才挽救了所有队友的生命；也由于这个选择，他的登山装备无一保存下来，而冻坏的指尖和脚趾却在医院截掉后被留在了身边。这是博物馆收到的最奇特而又最珍贵的赠品。

放弃与收获是一对矛盾的统一体。没有放弃就没有收获，得到的同时必然也会失去。学会选择，懂得放弃是明智之举。

只有学会选择和懂得放弃的人才会拥有美好的人生。人生短暂，与浩瀚的历史长河相比，世间一切恩恩怨怨、功名利禄皆为短暂的一瞬。得意与失意，在人的一生中也只是短短的一瞬。行至水穷处，坐看云起时，古今多少事，都付笑谈中。需要注意的是，放弃绝不是毫无主见、随波逐流，更不是知难而退，而是一种寻求主动、积极进取的博弈态度。有的时候，放弃一棵树，我们会得到整片森林；放弃一滴水，我们就会拥有整片大海；放弃一片洼地，我们就会占领一座高山。况且有些事物放弃了并不等于失去。或许当我们放弃了对远方的追求，回归现实时，我们会发现那美好的一天正等待着我们，并为我们敞开了一扇通往未来的大门。

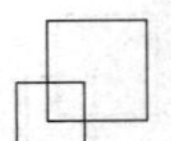

07 人生没有“假如”，请停止毫无意义的自责

到得如今，万般追悔。空只添憔悴。

——宋·柳永《慢卷䌷》

有一首歌叫《假如》：

“假如时光倒流，我能做什么，找你没说的，却想要的。假如我不放手，你多年以后，会怪我恨我或感动，想假如是最空虚的痛……”

世界上没有后悔药，道理虽简单明了，但是很多人在现实生活中还是忍不住去后悔、去内耗。天天想着：假如我当初不那么做，事情就不会这么糟糕；假如我当时不多管闲事，就不会发生后来的事情了；假如我细心一点，就不会被老板骂了；假如我天生丽质，他应该会答应和我在一起；假如我运气好一点，这次面试应该能过；早知道是这个结果，当初我就不应该来；假如我早些年对父母多关心一些，就不会造成现在“子欲养而亲不待”的悲剧；假如我对孩子多点关爱就好了，也不至于孩子现在性格缺陷，行为叛逆。假如……假如……可时间不能倒流，事情无法重来，这世上没有“假如”。

印度有一位哲学家，饱读经书，满腹经纶，才华横溢，风度翩翩，很多男子嫉妒他，很多女子崇拜、迷恋他。

一天，一个女子来敲他的门，说：“我是世界上最爱你的女人，请让我做你的妻子！”哲学家虽然很喜欢她，却回答道：“请让我考虑一下！”

哲学家用研究学问的一贯精神，将结婚和不结婚的利弊，分别罗列下来，结果发现两种选择好坏均等。于是哲学家陷入了长期的苦恼、烦闷之中。最后，他终于在苦思冥想后，得出一个结论——人在面临抉择而无法取舍时，应选择尚未经历过的那条路。

于是，内心笃定的哲学家来到女子的家中，问女子的父亲：“美丽的姑娘在哪里？请您告诉她，我考虑清楚了，我决定娶她为妻！”

女子的父亲却冷漠地回答：“尊敬的哲学家先生，您来晚了10年，我的女儿现在已是三个孩子的母亲了！”

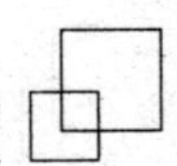

哲学家听了，顿时呆若木鸡。他怎么也想不到，所有看似完美的比较与研究，最后换来的竟是追悔莫及。哲学家一直想：“假如我没有考虑那么多，假如我当初义无反顾地答应了那女子的请求，我现在可能已是三个孩子的父亲了，我们的生活一定很美好……”如此往复，终于抑郁成疾。

结局固然重要，但过程更加珍贵。大胆尝试，勇敢一点，可能会收获更加美好的人生体验。

日本伊豆半岛风景优美，气候宜人，川端康成的小说《伊豆的舞女》中就有很美的描述。

中国台湾的两个观光团在伊豆旅游的途中，遇到一段路况很糟糕的路，到处都是坑洞，车子行在途中上下颠簸，很多旅客晕车。

其中一个旅行团的导游对此连声道歉，很自责地说：“对不起！对不起！路面简直像麻子一样，让你们受苦了”；而另一个旅行团的导游却充满诗意地对游客说：“各位亲爱的旅客朋友们，我们现在走的这条道路，正是赫赫有名的伊豆迷人的酒窝大道。让我们随着车子在伊豆迷人的酒窝上跳舞吧！”这样一说，原本生气的旅客立即就被逗乐了，车上的气氛也活跃起来。

伊豆那颠簸不堪的道路总会过去，而迎接台湾观光团的是伊豆美丽的风景。

我们可以换一个角度去看待眼前的困难，而不是用“假如”去幻想另一条当初没有选择的道路。永远不要美化那条你未选择的路。买了就不必对比价格，选了这条路就不要频频回望，勇敢地为自己的选择买单。另外，也不要去责怪当初的自己，当初的自己站在十字路口也很迷茫、彷徨、纠结。

并且，此时此刻未必是“盖棺定论”之时，可能在未来某个时刻会证实现在的选择是明智的。

自责毫无意义，让过去的过去，立足于现在。

在现实生活中，具体怎么做才能停止自责呢?

1. 接受错误

错误是成长的一部分，而非失败的标志。从错误中汲取经验教训，而不是用自责惩罚自己。

2. 意识到完美主义的问题

完美主义通常是自责的原因之一，而接受自己和他人的不完美是摆脱自责的关键步骤之一。

3. 寻求解决问题的方法

寻求解决问题的方案和改进方法，有助于将注意力从自责转移到积极的行动上。

4. 实践“自我慈悲”

对待自己像对待朋友一样，将同样的理解、关怀和慈悲用在自己身上。

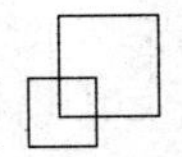

5. 设立合理的目标或期望

不对自己设立过高或不切实际的目标或期望，了解自己的能力及其局限性，设立合理的目标或期望。

6. 经常倾听内心

经常倾听自己的内心，了解自己真实的情感需求。若发现自己过于自责，请停下来问自己：这种自责是否有意义。

7. 寻求帮助

如果自责的情绪已经影响到自己的日常生活，可以寻求专业的心理健康支持。

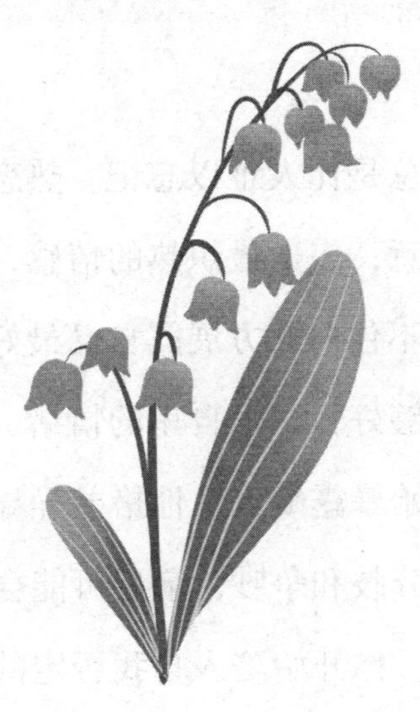

08 是对方失去了你，而不是你失去了对方

荒诞正是清醒的理性对其局限的确认。

——[法]加缪《西西弗神话》

爱情的甜蜜总是让人难以忘记。热恋期，你侬我侬，对方不停地表达爱意，表达最炽热的情感，你觉得自己找到了“真爱”，总是忍不住向对方展露自己最好的一面，有时甚至还会担心自己不够好，产生自卑的情绪。过了热恋期后，双方冷静下来，开始暴露缺点，性格差异导致矛盾出现，双方通常会出现意见分歧和争吵，最后可能会以激烈的争吵或冷战结束这一关系。你开始陷入自我否定的深渊，怀疑是不是自己的错，总是回想起对方当初对自己表达的浓烈爱意。

一年前，才貌双全的小禾与隔壁公司的小甘坠入了爱河。

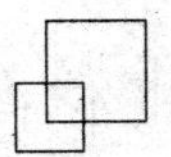

他们高调的恋情，让办公室尽人皆知。刚刚晋升不久的小禾，现在是爱情、名利双丰收。

不过，最近小禾经常暗自神伤。原来，上周，小禾失恋了，小甘突然辞职了，之后就没了踪影，小甘拉黑了与小禾所有的联系方式。小甘原公司的人也都联系不上小甘，他音讯全无。悲伤和痛苦整天笼罩着小禾，她觉得世界塌了。

这天，她正坐在办公室中暗自垂泪。这时公司的范姐过来了，公司没有不透风的墙，小甘消失不见的事在公司早已被传得沸沸扬扬。见到这种状况，更证实了公司的传闻。范姐轻轻拍了拍小禾的肩膀，说："小禾，你很伤心，对吗?"

小禾点了点头。

好心的范姐继续开导："离开你，他损失的是一个如此爱他的你，而你却仅仅失去了一个不再爱你的人。说到底，是他损失惨重啊，该伤心的人是他。"

小禾是一个聪明的女孩儿，听了范姐的话，豁然开朗。一周后，公司的同事再次见到了那个充满工作斗志的小禾。

在现实生活中，当我们处于失恋的低谷期时，身边可能不会有像"范姐"这样的"知心姐姐"，但我们可以通过自己的努力，从失恋的阴影中走出来。

开始时，我们可以任凭自己释放情绪，不用逼着自己立即"走出来"。但须明白，早晚有一天我们会清醒过来，只

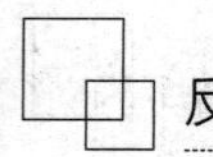

是时间长短而已，而“成功走出来”也是迟早会发生的事情。我们甚至可以释放情绪到自己清醒为止，不必去假装自己是一个“钢铁侠”。当“钢铁侠”很累，我们完全可以报以“爱护自己”的初心，做自己的“小天使”，穿自己喜欢穿的衣服，见自己想见的人，吃自己想吃的美食，看自己想看的书，去自己想去的地方。一切行为以自己为主，将自己放在首要的位置。

须知，爱情关乎双方，我们能确定自己的本心，却无法保证对方也同自己一样。当有一方不再喜欢另一方的时候，离开是“双赢”。

09 幸福是自己的

万里归来年愈少。微笑。笑时犹带岭梅香。试问岭南应不好。却道，此心安处是吾乡。

——宋·苏轼《定风波·南海归赠王定国侍人寓娘》

幸福是一种能够长期存在的平和、舒畅的精神状态，也是一种快乐、美满、甜蜜的状态。

幸福是自己的，和别人无关。

周末，朋友们聚会，大家在饭桌上畅所欲言。都是好久不见的朋友，欢聚一堂，自然是家事、国事、天下事无所不谈。

“我老公，样样精通，园艺是最拿手的，他在我们家的院子里种满了各种花花草草，一年四季，芳香扑鼻。”小美沉浸在幸福的港湾中。

红姐说：“我老公的厨艺是最棒的，做的菜都可以上五星级宾馆的餐桌了。”

“我觉得我是最幸福的女人，洗衣、做饭、烧菜各种家务全由老公一人承担，哈哈，当然还包括赚钱，我在家里什么都不用管。”小萌一边说一边笑，满脸幸福。

“那我老公天生就是一个大懒虫，在家什么事也不做，还大男子主义，嫁给他我真是委屈啊！”直肠子的娜娜向大家吐出苦水。

这时候人们发现，小雯和丈夫小锋一直沉默，没有说一句话。小雯不断给小锋夹菜，而小锋则会给小雯倒饮料，两人看着很默契，饭桌上讨论激烈，他们并不在意。小雯身患肝癌已经4年了，为给老婆治病，小锋砸锅卖铁，甚至卖掉了他们辛辛苦苦花了半辈子积蓄买的房子，现在租房子住，可谁也不能保证这病就能治好。尽管这样，小锋也没有放弃希望，他每天陪老婆到室外散步，闲时给老婆做全身按摩。尽管家里已一贫如洗，可他对生活一直满怀信心。

朋友们终于问到了小雯，她激动地说：“我不知道怎么来评价我的老公，但是我知道我们是相爱的，真爱可以体现在生活的方方面面。我现在很幸福。”说完，只见小雯早已泪流满面，坐在旁边的小锋一边拿着纸巾为小雯擦眼泪，一边对小雯轻声说：“我也很幸福。”

整个屋子的人都安静了下来，听了小雯夫妇的话后，大家若有所思。刚刚还在诉苦的娜娜，小声说道：“其实，我老公虽然有点懒，但是他为这个家付出了很多……”

法国思想家孟德斯鸠说：“假如一个人只是希望幸福，这很容易达到，然而我们总是希望比别人幸福，这就是困难所在，因为我们总是相信别人比自己幸福。”幸福是没有绝对性的，幸福更不能比较。有时候一个坚定的眼神就是幸福；有时候一杯热腾腾的咖啡就是幸福；有时候一个明媚的天气对于想外出散步的你，同样是幸福。

一个人在江边垂钓，他是一个钓鱼高手。鱼儿好像跟他很熟似的，一条条地上钩。最奇怪的是他身边还带着一把直尺，谁钓鱼还带尺呀？只见他每钓上一条鱼，就拿尺量一量，只要比尺长的鱼，他都丢回江里。其他钓友非常纳闷儿，不解地问他：“别人都希望钓到大鱼，为什么你偏偏将大鱼都丢回河里呢？”

这人倒也幽默，他答道：“因为我家的锅只有尺这么长，太大的鱼装不下。”

取己所需，不必贪求，这也是一种幸福，一种豁达。“人比人得死，货比货得扔。”我们没有必要把时间浪费在与别人攀比上。别人的幸福是别人的，于我们自身而言，并不能改变分毫。专注于自己的幸福，才能真正拥有幸福。

在现实生活中，专注于自己的幸福可以通过以下方法实现：

1. 减少购买商品

减少对物质的追求，专注于自己已有的物品，避免陷入物欲的漩涡，从而减少焦虑和压力。

2. 不关注八卦

减少对八卦的关注，避免被无用的信息占据大脑，从而保持内心的专注和平静。尼采曾经说过："我之所以这么聪明，是因为我从来不在不必要的事情上浪费精力。无聊的信息只会把生活切割成碎片。"

3. 保持健康的生活方式

（1）控制饮食

饮食规律，避免暴饮暴食，减轻身体和心理的压力。

（2）制定健身计划

锻炼身体能够增强自己的幸福感并减轻压力。

（3）保证充足的睡眠

充足的睡眠能够提高自己对抗消极情绪的能力。

4. 保持微笑

微笑能给自己带来好心情，提升幸福感。维克多·雨果在《悲惨世界》中说："笑，就是阳光，它能消除人们脸上的冬色。"

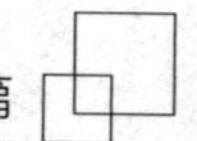

5. 享受独处

每天为自己留一些独处的时间，感受自己内在的喜怒哀乐。学会和自己相处，跟自己的身体、心情、情绪、想法等和谐共处，这很重要。

6. 与家人、朋友分享自己的快乐

将快乐与他人分享，加强与家人、朋友的联系，提升幸福感。

7. 保持学习

不断学习，提升自我，保持竞争力。数字时代，信息瞬息万变，知识更新迭代迅速。如果我们停止学习，很快就会被时代的洪流所淹没。到那时，我们的焦虑和压力会更大。

8. 每天写下感激的事物

记录每天感激的事物，提升自我感知力和积极的情绪。

通过这些方法，可以让我们有效地专注于自己的幸福，从而提升生活质量。

10 婚姻不是女性的“长期饭票”

> 挺秀色于冰涂，厉贞心于寒道。
>
> ——南朝齐·萧子晖《冬草赋》

一些女性将幸福标榜为有钱，一心想嫁给有钱人，以为生活会因此而有保障。后来发现，幸福不能只用钱来衡量。丰厚的物质，能满足虚荣心，却永远填补不了心灵的缺口。因此，婚姻不是女性的“长期饭票”。

在我国，有多少女性在嫁人后为了照顾家庭，而放弃了自己的一切。就因为放弃了自己的一切，不知不觉间，就成了另一半身上的一根藤，从此不得不看着另一半的脸色过日子。另一半对自己好点，自己就觉得幸运。另一半出轨或由于其他的原因对自己不好，就只会强忍着，因为离开了另一半，似乎自己就失去了生活的能力。

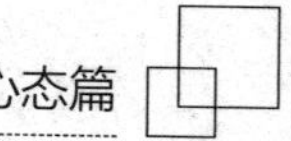

“能力是女性最极致的性感”，女性自身的价值决定其婚姻的价值，时代越发展，这种观念越深入人心。能力至上，千古不变。婚姻并不是女性一辈子的依靠，女性甚至有可能因为婚姻而失去部分自主性。

小悠今年32岁，已经结婚6年的她，被老公突然提出离婚。她因为早年间生孩子，老公让她安心在家里带孩子，赚钱养家的事情让他做，毕竟他现在正在创业，家里的事情无暇顾及。小悠答应，于是辞去工作，专心在家当家庭主妇。就这样，带孩子和做一日三餐成了她的主要工作。闲暇时间她还会去看望公公婆婆，她想着老公工作忙，照顾公公婆婆的责任理应由自己承担，一定不能让老公在工作上分心，他可是全家的顶梁柱。最近两年，老公创业颇有成效，公司在稳步发展。她知道，这其中老公付出了很多汗水。

几天前，小悠带女儿去爬山，爬山途中，女儿崴了脚。她老公突然来了电话，小悠没及时接到。打回去的时候，无人接听。回来后，小悠立即带女儿去了医院，医生为女儿打了石膏。回到家的时候，已经是晚上的九点半了。小悠发现老公还没回，就和女儿早早地休息了。第二天晚上，老公下班回来突然提出离婚，给的离婚理由：“我们分工合作，我在外面赚钱，你照顾家里。可现在你带孩子去爬山却崴了脚，分明照顾不好孩子，也打理不好这个家。我怎么放心把家继续交给你。”

一声晴天霹雳，小悠手足无措。她首先是自责：为什么没照顾好女儿，没有帮女儿换上户外运动鞋，导致女儿的脚部扭伤，自己这个当妈妈的真的很不称职。如果自己多留心一点，女儿就不会崴脚，老公也不会以此来跟自己提出离婚；如果时间能倒流，自己一定不会让女儿崴脚。小悠很想找老公好好聊一聊，可老公拒绝沟通。事情似乎毫无回旋余地。

三天后，小悠突然有一个念头：老公是想跟自己离婚的，只是没有理由。刚好自己带女儿爬山，女儿崴了脚。于是老公就紧紧抓住这个理由。

一周后，小悠找到离婚律师，准备和老公对簿公堂。

经济不独立很容易造成人格和精神的不独立。女性唯有让自己强大，专注于自身的成长，才能真正逃脱樊笼，活出自己想要的人生。具体可以这样做：

1. 培养坚强的个性和灵活的心态

拥有坚强的个性让女性在面对挑战和压力时能自信应对，勇于表达，拒绝不合理的要求，保护自己的时间和精力；拥有灵活的心态能够帮助女性更好地适应变化，保持乐观和积极的态度，积极寻找解决问题的方法和策略。

（1）减少依赖

学会独立思考，减少对他人的依赖，自主决策和承担责任。这不仅能提升自信，还能在人际关系中保护自己的权益。

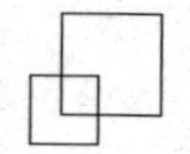

（2）建立自我意识

了解自己的情绪、想法和行为是自我成长的重要任务。通过观察和反思自己的内心反应，并记录下来，可以帮助自己更好地了解自己，发现自己的优点和缺点，找到应对问题的方法与策略。

（3）积极应对挫折

制定计划应对挫折，将挫折分解为一个个小问题，逐一解决。保持乐观的态度，相信自己能够攻克难关。

（4）接受变化与不确定性，提升应变能力

社会和职场在不断变化，要积极学习和适应变化，调整自己的思维与行为方式。

面对挑战和困难，女性应该具备良好的应变能力，积极寻找解决问题的方法和策略，灵活应对。

（5）增强心理韧性

面对挫折并成功应对可以增强自己的心理韧性。心理韧性是一种能够在压力和逆境中保持良好心态，并积极应对的能力。随着我们应对挫折经验的积累，我们的心理韧性会不断增强，使我们在面对未来的挫折时更加从容和自信。例如，一个经历过多次职场挫折但都能积极应对的人，在面对新的工作挑战时，会更加镇定和坚韧。

2. 经济独立

经济独立是女性独立自主的基本特征之一。拥有稳定的经济来源不仅能满足自身需求，更能掌控自己的人生。女性应树立正确的财富观，不断提升自身的能力，经济独立，同时懂得理财规划，量入为出，从容应对生活中各种突如其来的变化。

（1）教育与技能提升

①重视教育。

女性应重视教育，尽可能获得更高的学历。例如，通过大学本科、硕士甚至博士阶段的学习，在专业领域深入钻研。像人工智能、计算机、医学、金融等专业，可以为女性提供高收入的就业机会。比如一个学习计算机编程的女性，毕业后可以成为软件工程师，进入互联网公司获得不错的薪资。

②发展职业技能。

进入社会后，也要养成“终身学习”的心态，不仅要学习专业方面的前沿知识，人际交往这些技巧也需要学习。另外，学习各种职业技能是提升经济收入的有效途径，比如学习摄影、剪辑视频、绘画、烘焙等技能。以烘焙为例，女性可以通过参加专业烘焙课程，掌握制作精美蛋糕、面包等烘焙品的技术，然后自己开设烘焙店或者成为烘焙工作室的专业技师，实现经济独立。

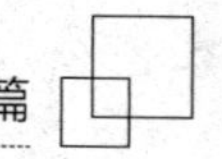

语言技能也很重要。掌握一门外语，如英语、法语、德语等，能拓宽就业渠道。可以从事翻译、外贸等工作，增加经济来源。

（2）职业选择

女性在选择职业时，要了解职业的晋升通道是否清晰。在职场中展现女性独立的力量，不仅是对自身价值的肯定，更是为了打破性别壁垒，争取平等的机会。女性可以通过不懈努力，展现出自己卓越的职业能力，获得在职场上的重要地位。

①自我认知方面。

评估自己的价值观：价值观在职业选择中起着重要的引导作用。女性需要思考自己最看重的是什么，是职业发展机会，还是薪资待遇、工作与生活的平衡等。

了解自己的兴趣和优势：女性在职业选择时首先要对自己有清晰的认知。兴趣是最好的老师，它能激发自己工作的热情。

②职业环境因素。

考虑行业前景：选择一个有良好发展前景的行业对于女性的职业发展至关重要。

关注职场文化和氛围：不同的企业和行业有不同的职场文化。女性需要考虑自己是否能适应这种文化。

评估性别平等程度：这点很重要。尽管社会在不断进步，但在某些职业领域仍存在性别不平等的现象。

③职业发展规划。

女性应为自己的职业设定明确的短期目标和长期目标。短期目标可以是在入职后的 1 ~ 2 年掌握一定的专业技能或获得某个项目的成功；长期目标则可以是在 5 ~ 10 年晋升到管理岗位或者成为行业内的专家。

（3）理财

无论收入多少，良好的理财习惯都能帮助女性更有效地管理和运用资金。学会进行合理的预算规划，制定财务目标，避免过度消费和浪费，可以考虑投资理财。

3. 情感独立

情感独立是独立女性必备的特质之一。独立女性拥有爱与被爱的能力，懂得尊重和爱护自己，不依附他人，拥有完整的自我。在爱情中保持清醒和理智，不委曲求全。

女性实现情感独立的关键在于自我认知、自信、沟通、设立边界和自我关爱。

（1）学会沟通

有效的沟通有助于解决情感问题，增进人际关系。学会表达自己的感受和需求，倾听他人的意见，尊重彼此的差异。

（2）自我认知

了解自己的需求、价值观和优点缺点，明确自己的人生

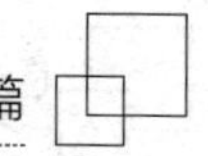

目标，是实现情感独立的前提条件之一。

（3）建立自信

认识自己的优点，接纳自己的不足；提升自身的能力；为自己设定可实现的目标，并努力去完成它们，每一次目标的实现都是对自己能力的肯定；积极参与社交活动；寻求积极的反馈。

（4）设立边界

在情感关系中设立合理的边界，不容忍任何侵犯自己边界的行为，保护自己的情感不受伤害。

（5）自我关爱

照顾自己的身体与心理健康。在生活上，注重饮食营养搭配，坚持锻炼身体，保持良好的作息习惯；在精神上，关注自己的情感需求，疲惫时安慰自己，失落时鼓励自己。

4. 思想独立

思想独立的女性拥有独立思考的能力，不盲目从众，善于分析问题，对事物有自己的见解，敢于挑战传统观念，内心拥有力量与智慧，追求真理与自由。

（1）勇于表达观点

在工作和生活中不要害怕表达自己的观点，积极参与讨论和决策过程，发表自己的观点和看法，展现自己独立思考的能力与见解。

（2）学会说“不”

拒绝不合理的要求和过多的负担对于女性来说非常重要，学会说“不”能保护自己的精力，让自己拥有更多的空间和机会去追求自己的目标。

（3）培养积极的心态

积极的心态对于女性的独立自主非常重要，无论面对什么样的困境和挫折，女性都应相信自己的能力和潜力，保持积极向上的态度。

（4）学会独立思考

不盲从，不随波逐流，坚持自己的见解和观点。善于分析问题，透过现象看本质，站在多个角度全面而深入地剖析问题。

（5）学会自主决策

不被他人的意见左右，依据自己的判断和价值观决策。勇于承担责任，敢于面对挑战，不畏惧困难和挫折。

需要注意的是，坚强的个性和灵活的心态、经济独立、情感独立以及思想独立是相辅相成，一体四面的。它们相互促进，共同作用，帮助个体在现实生活中达到更强的自主性，从而获得幸福感。

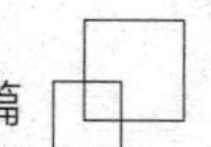

11 把自己当成自己，你就不会嫉妒

> 不厌丑恶，不羡善美。
>
> ——宋·张伯端《无心颂》

当年，网络上有一个流行热词——“羡慕嫉妒恨”。从网络上到生活中，到处都充斥着“羡慕嫉妒恨”的踪影。这个词生动形象地说明了嫉妒的来龙去脉。因为别人比自己好所以就羡慕；因为别人有而自己没有，羡慕就演变成嫉妒；因为“凭什么”别人有而自己没有，由此就心生怨恨。

嫉妒的来源是拿自己与别人比。为什么要比较呢？你是你，别人是别人，我们各自都出生在不同的家庭，有着不同的教育背景，我们是不同性格、不同气质的人，我们有着不同的喜好和追求，为什么要比较呢？就像牛顿的万有引力、贝多芬的《月光曲》、达·芬奇的《蒙娜丽莎》，这三者到底孰优孰劣？没有可比性。

《禅宗》中有这样一个故事：一位年轻人闷闷不乐，他被一个问题苦恼着，那就是“如何让自己变成一个快乐并且能够让别人快乐的人”。于是他不远千里去拜访一位得道的高僧，想接受高僧的点化。

高僧说：“我送给你四句话，第一句话，‘把自己当成别人’。”年轻人沉默了一会儿说：“把自己当成别人，当我们痛苦不堪时，痛苦就减轻了；当我们欣喜若狂时，心情就会平和一些，不至于骄傲。对吗？”

高僧对年轻人的答案很满意，微微点头说：“第二句话，‘把别人当成自己’。”年轻人很有悟性：“这是讲‘己所不欲，勿施于人’。”

高僧赞许地点点头，继续道：“第三句话，‘把别人当成别人’。”年轻人说：“每个人都是独立的个体，我们不能左右他人的想法。”

高僧哈哈大笑：“孺子可教也！最后一句是‘把自己当成自己’。”年轻人说：“这句话的含义，我一时体会不出。但这四句话似乎自相矛盾，怎样能把它们统一起来呢？”

高僧微笑着说：“用你的一生。”

“把自己当成别人”“把别人当成自己”“把别人当成别人”“把自己当成自己”，这四句箴言看似简单，其实内含玄

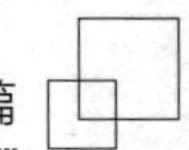

机，想做到这四点更是不易。生命中有一种轻，是生命中不可承受之轻——失去自我，为别人活着。把自己当自己，不要拿别人的那些标准来要求自己。

在短跑领域，苏炳添是我国的骄傲。他专注于自己的训练和比赛目标，把自己当成自己。他知道自己的优势在于科学的训练方法、顽强的毅力和独特的跑步方法。在面对其他优秀短跑运动员不断打破世界纪录或者取得优异成绩时，他并没有表现嫉妒。

2015 年 5 月，在国际田联钻石联赛美国尤金站比赛中，苏炳添以 9 秒 99 的成绩获得男子 100 米第三名，打破了张培萌保持的 10 秒 00 的全国纪录，成为首位跑进 10 秒的中国选手，也是在标准风速下第一位突破 10 秒大关的黄种人，这是黄种人在短跑项目上的重大突破，具有里程碑式的意义。

2018 年室内世锦赛，苏炳添以 6 秒 42 的成绩摘得银牌（这也是中国男子短跑首枚世界大赛奖牌），成为第一位在世界大赛中赢得男子短跑奖牌的中国运动员。

2021 年 8 月，在东京奥运会男子 100 米半决赛中，苏炳添跑出 9 秒 83 的惊人成绩，刷新了自己保持的亚洲纪录，成为电子计时以来唯一一个进入过男子百米世界大赛决赛的黄种人，并且在男子百米的世界排名中位于第 13 名（前 12 名均为黑人运动员）。

苏炳添的成功极大地鼓舞了中国田径运动员，让更多人看到了黄种人在短跑项目上的潜力，为中国田径事业的发展起到了积极的推动作用。

我们都是独立的生命体，无人代替。我不是你，我不是他，我是独一无二的自己，正视自己的优点和缺点，接纳自己，不盲目攀比，不嫉妒，保持和平的心态，然后努力做事，自然就能取得一番成就。

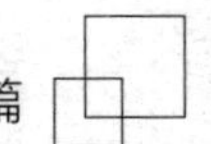

12 用自嘲调节心理天平

自嘲是保护自己最佳方法之一。

——亦舒《我的前半生》

2023年12月，央视《开讲啦》节目录制现场，中国科学院院士、生物化学与分子生物学家王志珍在台上分享自己的科研经历等内容。期间，主持人撒贝宁发现地板上有黑渣。经查看，这些黑渣是王志珍院士鞋底老化掉落的碎屑。

王志珍院士有些不好意思，便自嘲“出了洋相”。然而，现场的观众却被她这种简朴、专注科研的精神所打动，对她致以热烈的掌声。

自嘲是一种调节心理平衡的利器。在日常生活中，当遇到尴尬时，我们不妨自嘲，化严肃为轻松，变沉重为诙谐。让我们在自嘲幽默的气氛里，以一种欢乐知足的心态，去品味生活中的酸甜苦辣，去感受人世间的悲欢喜乐。

懂得自嘲者敢于面对不利的条件和环境，不退缩，不畏惧。表面自嘲，实际上，在自嘲的背后却有一股强大的力量。自嘲是幽默的最高境界，不仅活跃了气氛，在尴尬为难中为自己解围，还能表现自己豁达的胸怀和自身的修养。

人生的所有烦恼，就像路边的小石头，可以一脚踢开。即便烦恼成了困扰，那也是阻拦我们前进的拦路大石，我们不必计较，不如攀缘而过或绕道而行，岂不更好。自嘲是一份自信，一份坦然，一份洒脱，微笑着自我嘲笑，一路上便会遇到好风景。

第40任美国总统罗纳德·威尔逊·里根（Ronald Wilson Reagan）不仅是一个政坛高手，还是一个自嘲高手。

有一次，白宫举行了一场隆重的钢琴演奏会，演奏会上来了很多当时政界、音乐界的风云人物。里根在台上讲话时，其夫人南希却不小心连人带椅地从台上跌落在地，在场所有人都发出惊叫声，但总统夫人南希却非常灵活地爬了起来对大家微微一笑，在全场宾客热烈的掌声中，从容地回到自己座位上。

“亲爱的，你怎么这么心急呢？”里根说，“我不是告诉过你，只有当我的演讲出现了冷场，没有获得大家的赞同和掌声的时候，你才可以使出这一招吗？”

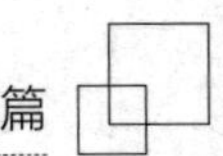

话音刚落，由于里根总统的包容和诙谐，场上再次响起了雷鸣般的掌声。

当你学会了自嘲，而不再是嘲笑他人时，便成熟了。自嘲是居高临下地正视自己的困境和失误，并且加以宽容和谅解。只有能够清醒地自我剖析、自我否定的人，才敢于自嘲。那轻松幽默的一句自嘲，是对人生百味的咀嚼，是对人情世故的参透。

在现实生活中，自嘲是如何化解内耗的呢?

1. 情绪

当人们陷入内耗，焦虑往往经常发生，而自嘲就像是在焦虑的气球上扎一个小孔；在遭遇挫折后，人们很容易产生挫败感进而陷入内耗；而自嘲可以有效地减轻这种情绪。

2. 认知

内耗常常源于自己对缺点的过分在意，而自嘲可以帮助我们改变这种思维习惯；生活中的压力源容易导致内耗，而自嘲能帮助我们对这些压力源进行正面解读。

3. 社交

在社交场合中，我们可能会因为某些小失误而陷入尴尬，进而产生内耗。自嘲是化解这种尴尬的有力法宝。当我们用自嘲的方式表达自己的困境或不足时，很容易引起他人的共鸣。

13 原谅自己，让过去的过去

有过必改，罪己是也，改而已矣。常有歉悔之意，则反为心害。

——《二程集·论学篇》

世事无常，生活中有太多变故和不如意。希望落空了，拥有的失去了，美好不复存在……这时候，我们会发现一个悖论：我们很容易原谅他人，为他人犯的错误寻找借口，为他人的失误找到正当的理由；而在面对自己的失误或错误时，却往往自责甚至惩罚自己。

面对今天不可挽回的局面，我们时时刻刻遭受着精神的谴责和煎熬，觉得自己曾经完全可以用一个小小的动作或行为，就能转变如今的事态。这是什么原因呢？是对自己太苛刻了，还是太高估了自己的能力？原谅他人是一种崇高的德

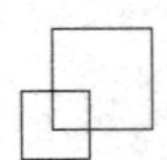

行，原谅自己则是一种健康的心态。

某社交平台美妆博主小萌曾因对自己的容貌不够自信，在社交平台上过度修图，甚至采用一些不恰当的美容手段，导致皮肤受损。这让她陷入了深深的自责与焦虑之中，在很长一段时间她都不敢面对镜头。

之后，她开始反思自己的行为，逐渐意识到每个人都有自己独特的美，不必过分追求所谓的“完美”。她原谅了那个曾经过度追求美的自己，开始接受不完美的自己，并在社交平台上分享自己的真实经历和素颜状态，鼓励大家也要勇敢做自己。

对此，她的粉丝不仅没有因为她的素颜而减少对她的喜爱，反而更加欣赏她的真实和勇敢。小萌也因此走出了容貌焦虑的阴影，重新找回了自信，直播事业也更上一层楼。

学会原谅自己，其实就是学会与现实和谐共处，学会正确对待生活中的失误与不幸，学会正确处理与解决问题。我们不要让过去的事情左右现在的心情和行为，不要为昨天的伤疤而浪费今天的眼泪。我们要学会安慰自己，学会主动承认自己的错误，原谅自己的过失，并且从过去中总结经验教训，这是一种成长。

原谅自己需要勇气，当我们犯下错误之后，面壁思过。自责和悔恨之后，请原谅自己。只有原谅自己，才能理智地总结失败的经验，并以此为契机获得重生。

追悔昨天，并不能重写历史；抱怨过去，只会浪费今天的时间；斤斤计较、怨天尤人，只会让自己活得很累。与其这样在责备自己中虚度光阴，不如转变心态，放自己一马，让过去的过去吧！

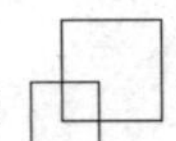

14 何必自讨苦吃

> 人必须要吃一些无意义的苦，这种想法不仅是有害，简直是有病。
>
> ——王小波《沉默的大多数》

在现实生活中，总有那么几件事情让你耿耿于怀，它们就像幽灵一样缠着你。虽然可能过去很久，但你仍然经常触景生情，想起来的时候，就像是剥茧抽丝，异常痛苦。

面对那些过去的事情，我们愤怒、后悔、自责……这样往往会使我们的精神状态极差，严重干扰着我们的生活和工作，使我们茶不思饭不想，甚至会影响我们的睡眠质量。

每天，森林之王狮子都会被同一件事情困扰着。天蒙蒙亮的时候，狮子尚在美妙的梦乡里畅游呢！这时候，远方会响起一阵响亮的鸡鸣声，总会打扰狮子的美梦。狮子很生气，但是公鸡是人家养的，狮子对此毫无办法。

一天，狮子来到上帝面前，向上帝倾诉内心的苦恼。并且请求上帝让公鸡别在天刚亮的时候大声打鸣了。上帝微笑道：“你去河边找大象吧，它一定会给你一个满意的答案。”

于是狮子来到河边，正好看到大象气得直跺脚，地上的小花小草也被大象踩得稀巴烂。狮子很好奇地问大象：“大象，你为什么发这么大的脾气呢?”

“早上有一只讨人厌的小蚊子，钻进我的耳朵里，到现在还没出来呢，我都快被痒死了。”大象拼命地摇晃着大耳朵，想把蚊子从耳朵里赶出来。

狮子若有所思，道：“原来连体形硕大的大象，也会怕干瘪瘦小的蚊子。”狮子离开了大象，暗想：“那我还有什么好抱怨的呢？蚊子无时无刻不在骚扰着大象，让大象浑身难受，而鸡鸣不过一天一次。这样想来，我可是幸运儿呢！”

我们所烦恼的、所在乎的、所耿耿于怀的事情，也许就像狮子早晨听到的鸡鸣、钻进大象耳朵的蚊子。这些微不足道的事情，在我们时时刻刻的关注下，越变越大，似乎成了当下必须解决的事情，让我们的好情绪变成坏情绪。而坏情绪会让我们看不清事物本来的面目。或许，当我们冷静下来，重新审视这些事情的时候，便会发现所有左右我们情绪和心情的东西，并没有我们想象中的那么糟糕，也不值得我们继

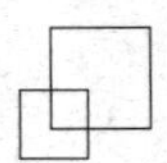

续为之烦恼。

俄国作家契诃夫写过一篇短篇小说《小公务员之死》，内容讲述的是：

在一个美好的夜晚，一个小公务员伊凡·德米特里·切尔维亚科夫，在剧院不小心打了一个喷嚏，结果唾沫星子溅到了坐在前排的将军身上。小公务员担心极了，害怕自己会得罪将军，给自己带来许许多多的麻烦，于是不停地向将军报以深深的歉意，直到那将军不耐烦地命令他停止道歉。可回到家后，小公务员还是心有余悸，担心将军还在生气，又两次亲自登门向将军道歉。结果将军终于忍无可忍了，把这可怜的小公务员赶出家门。故事的结局是小公务员被吓得惶恐万分，一回到家便瘫在了床上，怀着无限的痛苦与恐惧死去了。

小说的故事虽有些荒诞，但犀利地指出了社会上有这么一部分人：胆小怕事，为人过于谨慎，经常将一件非常小的事情想象成比天还大，为此整日忧心忡忡，心绪不宁。

人生在世，转瞬即逝，我们何必还要自寻烦恼，自讨苦吃呢？做一个心胸开阔的人，倘若心中一片灿烂阳光，那么烦恼、痛苦便会退避三舍。

15 不要拿别人的错误惩罚自己

不要为别人的缺点太操心。

——[英]戴尔·卡耐基《人性的优点》

明明事情可以很顺利，就是因为签证一时办不下来，才拖延了出国的行程；明明这次合作可以成功，就因为会议上那不懂事的新人的一句话，项目谈崩了；明明我今年可以评上“先进”，都怪领导那无德无才亲戚把名额占了；明明这个月我可以拿到奖金，都怨其中一个同事失误把我们整个小组的人都拖累了；明明今天可以不迟到，都怪男友非得喝豆浆，热豆浆不小心洒了我一身。

我们常常生别人的气，责备对方为什么在关键时候掉链子。

小李和同事小马一起负责一个项目。在项目推进过程中，小马因为个人疏忽，没有及时完成自己的工作，导致整个项

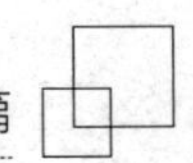

目进度缓慢。一开始小李非常生气，他觉得自己也会因小马的错误而受到领导的批评。然而，他很快意识到生气并不能解决问题。于是，他没有一直沉浸在对小马的抱怨和对可能受到批评的担忧中，而是积极与小马沟通，一起重新规划了工作安排，加班加点地赶进度。

最终，项目顺利完成，项目经理也对他们的补救措施表示肯定。小李通过这种方式没有让小马的错误影响自己的情绪以及工作状态，而是以积极的态度解决了问题。

生气是拿别人的错误来惩罚自己。别人做错事了，因为关系到你的利益而惹你生气了，可是别人并不一定会在意你是否生气；而想让对方因为你的生气而承认错误进而改正错误，更是天方夜谭。气伤肝，生气的你却要因为别人的错误而心情不好，甚至吃不下、睡不着。这样细细想来，生气实在是一项“不划算的交易”。

现代医学研究发现，倘若一个人生气 10 分钟，他所耗费的精力绝不亚于参加一次 3000 米的赛跑。别人犯了错，为什么需要你去生气呢？这岂不是拿别人的错误来惩罚自己吗？对方是这样一个值得你因为他的错误而让你去跑 3000 米的人吗？所以，赶紧停止无谓的生气吧！

16 不要将别人的评价看得太重

何必向不值得的人证明什么，生活得更好乃是为你自己。

——亦舒《忽而今夏》

在现实生活中，我们常常听到这样的话：

“这么简单的事情你都做不好？”

“像你这种人，应该没谁会喜欢吧？”

“你的方案没被采纳也在意料之中。”

“你的父母一定对你很失望吧？”

“你这种人没有朋友吧？”

……

在人生的道路中，我们经常会不自觉地把别人的评价看得太重，仿佛这些评价就是衡量我们价值的唯一标准。然而，当我们过度关注他人的看法时，往往会失去自我，陷入无尽

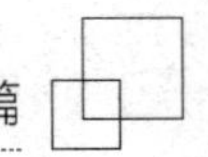

的焦虑与困惑中。

有时候别人的评价不是很客观；有时候别人的评价太尖酸刻薄；更有甚者，他们的评价是自己捏造的恶言恶语。遇到这些情况，我们必然会感到委屈和不公。这时，有的人会据理力争，争赢了，也没有胜利的喜悦，因为本身就是莫须有的事情；有的人会委曲求全，记在心里，时不时想起来，消耗自己的情绪和能量。

孔子说："人不知而不愠，不亦君子乎。"这句话的意思是说，"别人不了解我，我却不生气，不也是品德高尚的人吗?"这句话体现了儒家倡导的一种豁达、宽容的处世态度。在面对别人的误解或者不理解时，我们可以保持平和的心态，不被情绪左右，这是君子的修养。

"不创新，毋宁死"是苹果公司创始人史蒂夫·乔布斯（Steve Jobs）的信条。乔布斯以其对创新的执着和独特的领导风格而闻名。苹果公司在发展的过程中，乔布斯的决策并非总是被人理解和认可。有人批评他的产品设计过于激进，价格过高。但乔布斯始终坚持自己对科技和美学的追求，推出了一系列具有革命性的产品，如iPhone、iPad等，改变了人们的生活方式。如果他过分在意别人的评价，可能就无法引领苹果走向辉煌。

美国心理学家帕萃丝·埃文斯（Patricia Evans）在《不要

用爱控制我》中说道："人们评价我们实际上是在假装知道我们的内心世界，是在对我们的精神边界进行攻击。如果接受这些攻击，我们会暂时迷失自我，屈服于别人的控制。当有人评价你时——好像他们就是你一样。注意，他们正在试图控制你。"

别人的评价，不要看得太重。别人如何看你不代表你自己的看法，别人的否定也不意味着你的失败，不要让别人的想法取代了你对自己的认识，因为自我的肯定很重要。

在现实生活中，怎样做才能养成不在意别人的评价的心态呢？

1. 将评价视为信息而非审判

当收到别人的评价时，尝试将其看作是一种提供信息的反馈。如果是正面评价，可以从中获得鼓励；如果是负面评价，分析其中是否有其合理的部分可以帮助自己成长。

2. 允许不同观点的存在

要明白每个人的经历、见识、思想不同，因此观点不同，这是很正常的。观点不分对错，尊重彼此的观点和感受很重要。

3. 培养乐观和自信的心态

学会积极地自我肯定。当我们拥有乐观、自信的心态时，别人的负面评价就不会对我们产生太大的影响。

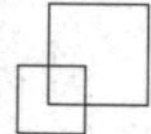

4. 确定自己的目标和标准

为自己设定清晰的目标和标准。需要注意的是，这些目标和标准应基于自己的内心期望。

5. 关注自身的进步和成长

将注意力集中在自己的进步和成长上。可以制定个人成长计划，记录自己的进步。

17 有人不喜欢你，很正常

你谁都喜欢，也就是说，你对谁都冷漠。

——［英］奥斯卡·王尔德《道林·格雷的画像》

做任何事情，我们都想取得家人的支持、朋友的理解和他人的赞许，这是正常的。可在现实生活中，我们往往会发现，获得所有人的肯定是很难的。

有人不喜欢你？那是再正常不过的事情。我们不是人民币，做不到人人都喜欢。有谁可以做到人人喜欢呢？就算是沉鱼落雁、闭月羞花的仙女也未必见得人见人爱呀！如果你的亲和力强，会有人喜欢你随和的性格，但也有人不喜欢你毫无张力的性格；如果你的性格刚强，有人欣赏你做事干练，也有人会反感你的强势。在职场中，如果你工作能力强，又具亲和力，也许能得到同事的好评、领导的赏识，可你还是

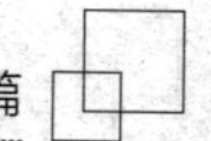

会发现总会有那么一两个同事处处与你作对……

小李是清华大学的一名高才生。大学毕业后，她顺利入职一家大型外贸公司，成为总经理助理。工作后，生性好强的她希望受到欢迎，想做好本职工作，更想快速晋升，所以她努力讨好公司中的每一个人。但问题也很快出现了，她发现自己根本不能尽如人意：在汇报工作时，她小心翼翼唯恐惹领导不开心，正因为如此领导就认为她缺乏个性和创造力；给下属交代任务的时候，为了防止他们的抵触情绪，她尽量温和谨慎，而结果却适得其反，下属根本不听她的话，似乎所有的人都对她有意见。

一次，小李独自策划组织的一个项目让公司获取了丰厚的利润，她也因此而得到了高层领导的奖赏。这原本是一桩喜事，但她的领导认为小李威胁到了自己的位置，所以对她更加冷淡，而一些下属则认为她抢尽了风头，对她既羡慕又嫉妒。这下，小李的日子就更不好过了，她觉察到自己好像得罪了公司的所有人。这让小李非常难过，每天都郁郁寡欢。

小李实在想不明白，自己明明苦心去讨好所有人，为什么别人却不领情。在公司的各种不顺心甚至让小李想到了辞职。后来，小李在好友的劝导下，索性不再去想这些烦心事，也不再刻意地讨好所有人。慢慢地，她惊奇地发现大家都愿意和她亲近了，再也不像以前那样对自己充满偏见。

人是社会性的动物，生活在各种各样的人际关系中。我们往往想把事情做到最好，想让所有的人都喜欢自己，以取得人们对自己的肯定与称赞。但我们很难将事情做到完美，有一千个人自然便会有一千种审美观，一千种对完美的解释。所以我们不要奢求人人都喜欢自己。试想，我们是否能做到喜欢身边的每一个人？既然我们不可能让每个人都喜欢自己，认可自己，那么我们无须再刻意地去讨好周围的所有人，也无须太在意别人的眼光。有人不喜欢你，有人处处与你作对，再正常不过。我们唯一要做的，就是做好自己。

在生活的舞台上，我们每个人都是自己的主角。有人不喜欢自己，并不代表自己不够好，也并不意味自己没有价值。相反，正是这些不同的声音能让我们更加清晰地认识自己。我们可以从他人的不喜欢中汲取客观经验，不断成长和进步，但绝不能因此而否定自己，更不必为了迎合所有人而改变自己，请保持真实的自我。

我们不能期待所有人都能理解和欣赏自己，就像蓝天上的白云，虽然有不同的形状，但它们依然有自己独特的美，会吸引不同的人驻足观赏。因此，我们要学会接受不被喜欢的现实，坚定地做自己。

18 不要和总是挑剔自己的人在一起

不可能对所有人都好脸相迎，这是我人生的一大原则。

——[日]村上春树《大萝卜和难挑的鳄梨》

外界的挑剔有时候是一种善意的提醒，有时候是一种变相的促进，不过凡事都应该把握一个度，过犹不及，总是挑剔就是一种抱怨了。

如果你的爱人总是挑剔你，那么对方也许不是真的爱你；如果你的朋友总是挑剔你，那么对方也许并不在乎你们的友谊；如果你的领导总是挑剔你，那么对方也许并不认可你。

自从小范被另一个部门的领导发掘了以后，他发现工作越来越顺手。经过一个月的适应磨炼，月底公司业绩排名，小范成了公司里“杀出的一匹黑马”，业绩排名第三，仅次于总监和副总监。小范一下子成了公司的风云人物，赢得了公司领导的一致好评。

小范回想起半年前在原部门工作的情况。那时，小范也是部门的新人，由于专业技术不扎实，常常犯一些错误，总是受顶头上司的责备和批评。

在一次去谈业务的过程中，又遭到了上司的批评，这一次其实并非小范的错，只是领导已经习惯对着小范挑刺了。小范很受打击，愤怒之余对上司说："明天我就……"小范的话还没有说完，就被另一个部门的领导示意给"按"住了，让小范冷静。事后，这位领导问小范愿不愿意去他的部门工作，因为在这次出访期间，这位领导发现小范有交际这一方面的才能。小范很惊喜，认为自己遇到了生命中的贵人，与其待在一个时时刻刻挑剔自己的上司下面做事，还不如找一个欣赏自己的领导。

原部门的领导也乐意"让"出一个"老是犯错"的职员。小范换部门后，一方面他因为想争口气，另一方面他确实有能力，于是他努力工作，仅用了半年的时间，业绩便跃升为公司第一。

人际关系对于每个人来说都至关重要，影响着一个人的情绪体验、自我价值感、心理韧性、价值观的塑造与修正、职业机会等。人际关系是一面镜子，每个人在镜子中可以看清自己、认识自己。

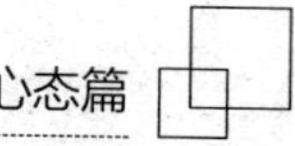

如果你一直和总是挑剔自己的人在一起。他时时刻刻的挑剔，会让你觉得自己似乎一无是处，如此就会严重打击自己的自信，进而产生自卑心理。

小张是一个从农村来的女孩，大学毕业就去北京打工了。小张在北京勤勤恳恳工作，工作之余不忘充电，终于考取了会计证。经过几年的努力，现在的小张在一家公司当财务会计，因为小张努力的工作态度和一丝不苟的精神，公司的财务工作被小张打理得井井有条，而现在小张的薪水也比初来北京时不知翻了几倍。

人逢喜事精神爽，小张春光满面。原来，经过朋友的介绍，小张恋爱了，真是爱情名利双丰收啊！对方虽然是离异过的男人，但毕竟名牌大学毕业，还是北京本地人，长得一表人才。

公司里的人都认为小张找到了属于自己的幸福。

不过，最近小张并不开心。细心的同事发现，小张有时候会在卫生间偷偷啜泣。一好心同事关心小张，这才明白了原委。

小张男友比小张大了整整一轮，又是有过婚姻的男人，面对青春洋溢的小张，他本该疼爱有加才是。可是经过两个月的热恋期，男人似乎对小张有点厌倦了，嘴上说爱小张，但小张从男友的言行上却得不到对自己的一点儿欣赏和肯定。

男友嫌小张是“农村出生”，嫌她是“外地人”，嫌她没有“女人味儿”……

男友这样的态度让小张非常伤心，所有的一切在刚刚认识的时候他就是知道的，为什么到现在才“嫌弃”自己呢？这也是小张伤心难过的原因。

知情的同事都劝小张分手算了。但小张是一个倔强的女孩，她真的很喜欢对方，开始按对方的要求改变自己。

可是事与愿违，又过了一个月，小张苦苦维系的爱情终于破碎了，她发现男友喜欢上了另一个女孩。

挑剔之人，犹如尖锐的荆棘，时刻准备刺痛我们的心灵。他们总是带着放大镜，专注于我们的每一处瑕疵和不足，却吝啬给予我们赞美和鼓励。和这样的人相处，我们会逐渐失去自信，并怀疑自己的价值。喜欢挑剔的人可能源于自身的不安全感或完美主义倾向，但这并不应该成为我们承受压力的理由。我们值得被理解、被接纳、被关爱，而不是被无尽的挑剔与指责所包围。

远离喜欢挑剔的人，积极去寻找那些能够欣赏自己的独特之处、鼓励自己成长的伙伴。他们就像温暖的阳光，照亮我们前行的道路，让我们绽放出属于自己的光彩。与他们在一起，我们会感受到支持与力量，会变得勇敢。

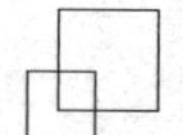

19 为了自己，原谅他人吧

人有不及，可以情恕。

——南朝宋·刘义庆《世说新语》

在一个大家庭中，小娜和婆婆因为生活习惯和育儿观念的不同，经常产生矛盾。婆婆总是按照传统的方式来照顾孩子，比如给孩子穿过多的衣服，担心孩子着凉，而小娜则认为应该根据科学的育儿知识去照顾孩子。有一次，两人因为孩子是否需要吃某种营养品的问题发生了激烈的争吵，婆婆觉得小娜是在质疑她的经验，小娜也觉得婆婆太固执。

之后，小娜意识到婆婆的出发点是好的，婆婆是因为疼爱孩子才会这样。为了家庭的和睦和自己的情绪，小娜决定原谅婆婆。她主动和婆婆沟通，耐心地解释自己的想法，同时也认真听取婆婆的意见。婆婆发现小娜的态度转变后，自己的态度也有所改变。自此，她们之间的关系逐渐缓和，家庭氛围也变得更加温馨。小娜不再因为婆媳矛盾而感到焦虑和内耗，她发现原谅婆婆后，自己反而能更加轻松地面对家庭琐碎的生活。

现实生活中的琐碎之事铺天盖地，那些看似不起眼的小事时时刻刻犹如蝼蚁般啃啮着我们的情绪。学会原谅是一种成熟的心理。原谅似乎意味着委屈自己，成全别人。然而，我们究竟是为了谁才选择的原谅？在不断前进的人生道路中，聪明人往往会选择原谅别人，因为原谅别人就是放过自己。

关于如何原谅他人，以下是一些在现实生活中切实可行的方法：

1. 调整心态

（1）关注自己的情绪健康

要明白，怨恨对自己的伤害远远大于对对方的影响。而自己如果一直对此怀恨在心就会陷入负面的情绪漩涡，如愤怒、焦虑和痛苦等。关注自己的情绪健康，可以将原谅看作是一种自我解脱的方式。

（2）认识到人性的弱点

每个人都会犯错，这是人性的一部分。当你被他人伤害时，试着提醒自己：对方可能是因为自身的情绪、无知、压力或其他因素才做出了伤害自己的行为。

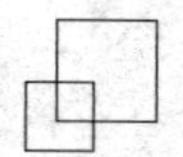

2. 探究背后的原因

有时候，对方对自己的伤害行为可能是由更深层次的原因引起的。例如，某个人总是对自己冷嘲热讽，可能是因为对方内心深处的不安全感或嫉妒。通过了解这些潜在的原因，可以更全面地认识他们的行为，从而更容易产生理解。

3. 给自己时间和空间

（1）不必强求自己立刻原谅

原谅是一个渐进的过程，尤其是对于比较严重的伤害，不需要强迫自己马上就放下所有的怨恨。给自己一些时间去化解自己的情绪，处理自己内心的伤痛。例如，遭受了亲人的背叛，可能需要很长时间才能释怀，这是正常的。

（2）进行积极的自我暗示

告诉自己原谅是一种力量，是对自己善良和宽容的肯定。可以告诉自己："我选择原谅，是因为我想要放下过去的伤痛，让自己更快乐。"这种积极的自我暗示可以帮助自己强化原谅的决心。

20 凡事不要太较真儿

开襟当轩坐，意泰神飘飘。

——唐·白居易《月夜登阁避暑》

《劝忍百箴》中认为：顾全大局的人，不拘泥于区区小节；要做大事的人，不追究一些细碎的小事；观赏大玉圭的人，不细考察它的小瑕疵；得巨材的人，不为其上的蠹蛀而怏怏不乐。因为一点瑕疵就扔掉玉圭，便永远也得不到完美的美玉；因为一点蠹蛀就扔掉木材，天下就没有完美的良材。

在现实生活中，过度较真儿可能会给我们带来一些负面影响。

首先，过度较真儿可能会让我们陷入无休止的争论与纠结当中，浪费宝贵的时间与精力；其次，过度较真儿可能会让我们变得固执己见，难以听取他人的意见或建议；另外，

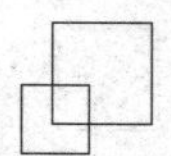

在一些无关紧要的小事上太较真儿，还可能会导致紧张、焦虑等负面情绪的产生。

这里有一则关于九方皋相马的故事。

秦穆公对伯乐说：“您的年纪大了，您的家里还有能去寻找千里马的人吗？”

伯乐答：“好马可以从外貌、筋骨上看出来，但千里马很难捉摸，其特征若隐若现，若有若无，我的儿子们都是才能低下的人。我可以告诉他们什么是好马，但没有办法告诉他们什么是千里马。我有一个朋友，叫九方皋。他相马的本领不比我差。请您召见他吧！”

于是，秦穆公召见了九方皋，派遣他去寻找千里马。三个月之后，九方皋回来了，向秦穆公报告说：“千里马已经找到了，现在在沙丘。”

穆公问：“是一匹什么样的马？”

九方皋答：“一匹黄色的母马。”

秦穆公派人去看，结果是一匹公马，而且是黑色的。秦穆公非常不高兴，将伯乐召来，对他说：“真是糟糕！您让我派去的那个寻找千里马的人，连马的颜色和雌雄都分辨不出，又怎么能知道那是不是千里马呢？”

伯乐长叹一声，说道：“他相马的本领竟高到了这种地步！这正是他超过我的原因呀！他抓住了千里马的主要特征，而忽略了它的外在形象；注意到了它的本领，而忘记了它的外表。他看到他应该看到的，而没有看到不必要看到的；他观察到了他所要观察的，而放弃了他不必观察的。像九方皋这样的人，才真正达到了相马的最高境界！”

后来采纳九方皋的建议而将那匹马牵回驯养，事实证明，它果然是一匹天下难得的好马。

适度较真儿可以让我们变得更加认真和严谨，但太较真儿则可能会给我们带来不必要的麻烦和困扰。我们可以在两者之间找到平衡点，以更加灵活和开放的心态去面对生活中的各种挑战。

要想改变太较真儿的态度，可从下面几个具体可行的方法进行调整：

1. 学会接受不完美

要认识到世界上没有绝对的完美。学会接受不完美是改变太较真儿的第一步。认识到每个人都有其局限性，包括自己。这样，在今后遇到不尽如人意的情况时，就能更加宽容和理解。

2. 调整期望值

有时候，我们之所以会太较真儿，是因为对某件事情或某个人的期望值过高。合理调整自己的期望值，可以减少自己的失望或不满，从而避免过于纠结于细节或结果。

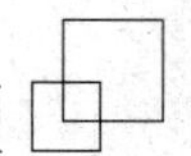

3. 学会放手

面对一些事情，不管我们如何努力，都无法掌控或改变。学会放手，接受那些无法改变的事实，将精力集中在自己能控制或改变的事情上，就可以减少不必要的较真儿。

4. 寻求外界支持

与信任的人分享自己的感受和困惑，听取对方的意见或建议。有时，旁观者的视角可以让我们能明确问题所在，并能快速帮助我们找到解决问题的方法。同时，他们的支持和鼓励也能帮助我们更好地应对挑战和困难。

需要注意的是，减少较真儿并不意味着放弃原则或降低标准，而是以一种更加宽容、理解和灵活的态度去面对生活中的各种状况。

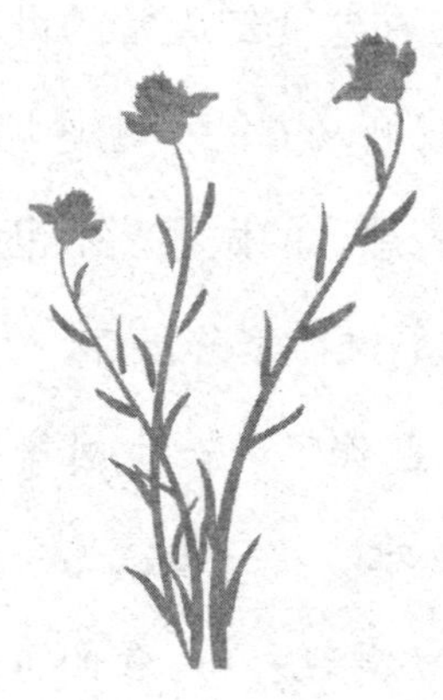

21 难得糊涂是一种钝感力

> 难得糊涂。
>
> ——清·郑板桥

在现实生活中，一些人总是想着占别人便宜，不愿意吃一点的亏，遇事就斤斤计较，到最后反而可能吃大亏。人生犹如一个万花筒，在这变幻无常的世界中，人们似乎需要用足够多的智慧去权衡，方能少走弯路。然而，与机巧相比，“以静观动，守拙若愚”的做事艺术也许更胜一筹。

清代著名画家、文学家郑板桥，有一句四字箴言——“难得糊涂”。他对此也作了进一步阐释：“聪明难，糊涂亦难，由聪明转入糊涂更难。放一着，退一步，当下心安，非图后来福报也。”郑板桥曾说：“试看世间会打算的，何曾打算得别人一点，真是算尽自家耳！”他曾给堂弟写了一封信，信中

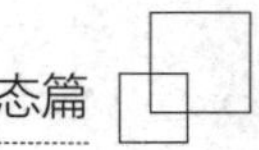

说："愚兄平生谩骂无礼，然人有一才一技之长，一行一言为美，未尝不啧啧称道。囊中数千金，随手散尽，爱人故也。"郑板桥怀着一颗"仁者爱人"的心，遇事不过于较真，因此，"难得糊涂"成了郑板桥心胸宽广的真实写照。

"难得糊涂"的处世态度，意味着宽容豁达，能控制自己的情绪，也能接纳不完美。

北宋名相吕端也以"糊涂"著称。宋太宗想任命吕端为相，有人说吕端"糊涂"，宋太宗却认为吕端"小事糊涂，大事不糊涂"，而力排众议，将吕端提拔为宰相。在处理一些政务和人际关系时，吕端往往不会过于计较细节，看似有些糊涂，但在关乎国家大事的重大问题上，他却能果断决策，坚定立场。比如在宋太宗驾崩后，朝廷内部曾出现动荡，吕端在关键时刻挺身而出，稳定了局势，确保了政权的平稳过渡，表现了他的大智若愚和难得糊涂的智慧。

"难得糊涂"提倡在某些情况下不去较真、不要过于精明，乍一看，似乎是一种消极的处世态度，可能会让人联想到逃避问题或不作为。然而，"难得糊涂"却是一种大智若愚的表现。它是基于对事情的判断，知道什么时候该"糊涂"，什么时候该清醒。例如，政客在面对复杂的政治风云时，对于一些小的利益纷争装糊涂，目的是保存实力，等待合适的时机去实现更大的政治抱负，这与消极处世有着本质的区别。消极处世的人通常是对事情完全失去兴趣或者信心，他们可能会逃避责任，放弃努力。而“难得糊涂”并不是放弃，它是在适当的时候选择不在细枝末节处纠结，在大方向上依然是积极进取的。

总而言之，我们要学会适时糊涂，这样会减少我们的内耗。

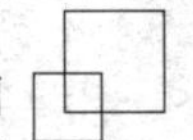

22 缺陷也是另一种美

有缺憾的人胜过完美无缺的人。

——[英]托马斯·哈代《德伯家的苔丝》

在现实生活中，有些人时刻盯着自己身上的缺陷不放，认为自己不够完美，因此产生自卑心理。这类人总是感觉自己的生活不美满，总是看着这也不顺心，那也不如意，所以就会变得非常烦闷，感觉生活乏味无趣。

其实，缺陷也是另一种美。缺陷往往会给人们带来一些契机，这些契机可能会让人们发现另一种美。缺陷仅仅是生活的一个组成部分，从另外一种意义上来说，人生正是因为有了缺陷，才会变得更加丰富与充实。

农夫家有两个水桶，其中一个水桶有一条裂缝，而另外一个水桶则完好无缺。农夫经常会将这两个水桶分别挂在扁担的两头去挑水。每当农夫将水挑回自己家的时候，完好的水桶中的水总是满的，而有裂缝的水桶总是所剩不多。

多年过去了，农夫依然每天挑两桶水，最后不出所料，只能得到一桶半的水。完好的水桶为自己可以运送一整桶水而感到骄傲，而带有裂缝的水桶则因自己的缺陷导致农夫只能得到半桶水而自卑和难过。

带有裂缝的水桶终于忍不住了。当农夫又一次去挑水时，它在小溪边对农夫说道："我非常惭愧，请接受我真诚地道歉。"

"这是为何呢?"农夫不解地问，"你为什么会感到惭愧?"

带有裂缝的水桶回答："这么多年来，由于我有一条裂缝，每次您挑一桶水，最后只能得到半桶水。正是因为我的缺陷，才让您的工作事倍功半。"

农夫听完后，和蔼地说道："在我们这次回家的路上，请你注意一下路边。"

在回家的路上，有裂缝的水桶眼前一亮。原来，它看到路边有很多绚丽缤纷的花朵，在阳光的照耀下非常美丽。它的心情也变得愉悦。但回到家后，有裂缝的水桶又开始难过了，因为这一次它不出意外地又将一半的水洒在了路边！它再次诚恳地向农夫道歉。

农夫微笑道："难道你没有发现，在路边只是你那一侧有

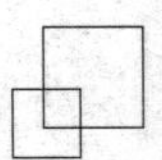

很多漂亮的花儿，而另一侧却没有吗？一直以来，我都知道你是有缺陷的，但我加以利用，在你一侧的路边，我撒了各种各样的花种。每次我挑水回家的途中，你都会帮我给路旁的花儿浇水。多年来，美丽的花儿将我的餐桌装饰得十分美丽，我看到这些可爱的花儿很开心。而这都归功于你啊！”

通过这则寓言故事，不难发现：正视自己的缺陷，可能会看到另一片美丽的风景。

人生并不需要完美。生命出现了一些缺陷，也依然可以成就完美人生。因此，当我们的生活出现“瑕疵”的时候，不要一味哀叹，我们完全可以选择从不完美的心境中走出来，然后轻轻松松地面对生活。

美并不意味完好无缺，没有任何不足；美，反而会在缺陷中得到升华。

时刻要求自己做到完美，是一种非常残酷的自我主义。人生当中并没有真正的完美。如果刻意去追求完美，只会获得失望，陷入重度内耗之中。而正是由于有了缺陷，人生才拥有了希望与梦想。当你努力追求希望与梦想的时候，你会发现，原来缺陷也是另一种美。

23 接受自己不完美的事实

人生这道题，怎么选都会有遗憾。

——余华《文城》

世界上没有一片完美的树叶，也没有一朵完美的玫瑰花，更没有一个完美的人。有的人总是抱怨自己太矮，有的人为自己天生没有一副姣好的容颜而惋惜，有的人埋怨身边没有知心的朋友，有的人为自己出身贫寒而叹息，有的人还在为一年前的小小失误而捶胸顿足……

生命呈现的状态千姿百态。生活中有太多的遗憾和太多的不如意，而我们要学会接受这些遗憾和不如意，更要接受那个不完美的自己。

美国一个演播厅曾经举办过这样一场演讲，给人们留下了深刻印象，直到今天人们仍记忆犹新。

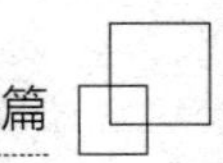

演讲开始，在热烈的掌声中，一位著名的演说家手举一张崭新的钞票走来，他站在讲台上，用手使劲抖了抖，钞票发出咔嚓咔嚓的声音。他对演播厅里的人说：“我手上有一张100美元，有人要吗？”全场几乎所有人的手都举了起来。

他接着说：“我打算把这100美元送给你们中的一位，但在这之前，请允许我做一件事。”他把钞票揉成一团，然后问：“这样皱巴巴的钞票谁还要？”仍有大部分人举手。

突然，演说家把钞票扔到地上，又踩了一脚，并用脚使劲碾搓它，最后拾起。这时钞票已变得又脏又皱甚至有点残破了。演说家继续问：“现在谁还要这张钞票？要的话我就送给他。”等他说完后，现场仍有人举手。

在人生的道路上，我们就像演说家手中的钞票一样，会经历各种挫折，也许我们的起点比别人低，也许我们经历了无数次失败与挫折，但是我们应该相信，我们的生命和这一张100美元的钞票一样，永远不会丧失价值。我们的生命是无价之宝，我们的经历独一无二。

法国一位作家曾说：“我能坚持我的不完美，因为它是我生命的本质。”是的，我们生命的本质是不完美的。假如我们的生命完美无缺，无懈可击，那么我们也就失去了创造力和奋斗精神。在那个足够完美的世界里，我们的智慧和能力将变得一文不值，毫无用武之地。如此，我们存在或者活着的

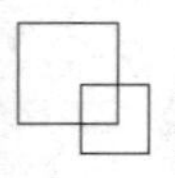

意义又从何谈起呢？

J.K. 罗琳（J.K.Rowling）在创作小说《哈利·波特》系列之前，生活充满挫折。她是一位单身母亲，经济状况窘迫，还遭受抑郁症的困扰。这些都是她生活中所谓“不完美”的部分。然而，她接纳了自己当时艰难的处境。她没有因为自己的贫困和心理问题而否定自己的价值和创作能力。

在这一时期，她依然坚持写作。她利用自己的想象力，构思故事。她接纳了自己的不完美，包括经济上的困境和精神上的压力，并把这些经历融入作品中。例如，哈利·波特在故事中也经历了许多挫折，这可能也反映了罗琳当时的心境。最终，她凭借《哈利·波特》系列成为全球知名作家，从而改变了自己的人生。

培养接受自己不完美的心态的方法有：

1. 自我肯定与自我同情

自我肯定是接受自己不完美的关键。我们可以每天列出自己的优点和成就，哪怕是很小的事情，比如“我按时完成了工作任务”“我今天帮助了一个路人”。同时，要学会自我同情。当我们犯错或者发现自己的不足时，要像对待朋友一样对待自己。例如，当我们在演讲中忘词时，不要过于自责，而是安慰自己“这很正常，每个人都会紧张”。

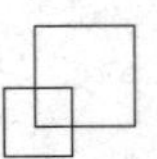

2. 关注过程而非结果

将重点放在自己努力的过程上，而不是只看结果。例如，在学习一门语言时，我们可能在初期做得并不完美，但我们可以关注自己在学习过程中的进步，比如我们从完全不懂到能够掌握一些学习方法。这种关注过程的心态可以帮助我们接受自己在结果上可能出现的一些小瑕疵。

24 接受不可改变的现实

如果试图改变一些东西，首先应该接受许多东西。

——[法]萨特

当人们抗拒不可改变的现实时，通常会陷入无尽的烦恼和焦虑中，产生内耗。长期抗拒不可改变的现实可能会导致严重的心理问题，如抑郁、创伤后应激障碍等。而现实生活中充满了各种不可改变的情况。明确哪些是不可改变的现实，调整心态，有助于我们制定更加合理的应对方法。

姚明在NBA期间多次受伤，脚部的伤病对他的职业生涯产生了巨大影响。最终，伤病问题导致他不得不提前结束自己的篮球生涯。姚明接受了这个现实，并迅速将重心转移到其他领域。他回国后，担任中国篮协主席，积极投身于中国篮球的改革事业。推动篮球在国内的普及，改革篮球赛事体系，培养年轻球员，为中国篮球的发展发挥了重要作用。

我们在做事情的过程中，需要看开一点，不要总跟自己

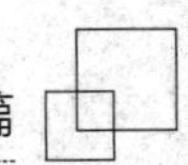

过不去，这样才能生活得更加潇洒，更加快乐。

古时候，有一个以捕鱼为生的渔夫。他的捕鱼技术非常棒，但是他却有一个坏习惯——特别喜欢发誓，即便发的誓非常不符合实际，即便一次又一次地碰壁，也会将错就错，决不悔改。

有一年春天，他得知墨鱼在市面上的价格十分昂贵，于是就发誓：这一次出海的时候只打捞墨鱼。但是，这次他打捞起来的都是一些螃蟹，最终他不得不空手而归。上了岸后他才知道，原来现在市面上价格卖得最高的是螃蟹。渔夫因此而非常后悔，马上又发誓：下一次出海的时候，只打捞螃蟹。第二次出海，他将所有的注意力全都放在打捞螃蟹上，但是这一次他打捞到的都是墨鱼。没有办法，最后他又空手而归。而此时，墨鱼在市场上价格最高。

到了晚上，渔夫躺在床上，为自己的行为后悔不已。于是，他再一次发誓：等到下一次出海的时候，不管是遇到螃蟹，还是墨鱼，都打捞。然而，当他第三次出海时，不仅没有遇到墨鱼，而且也没遇到螃蟹，全都是海蜇。于是，渔夫再一次空手而归。三次出海，三次空手而归。渔夫还没有来得及第四次出海打鱼，就在自己那些不知所谓的誓言中，饥寒交迫地死去了。

愚蠢的渔夫不懂变通，不懂接受现实，最终在饥寒交迫中死去。

当事情已然发生的时候，如果你拥有改变它的能力，那么就请尽可能地去改变它。反之，如果你没有改变它的能力，那么就请用积极的心态去接受它。

一对夫妻结婚11年后才育下一子。这对夫妻非常恩爱，而孩子自然也就成了二人的心肝宝贝。

在儿子过两岁生日的那天，丈夫在上班临行前，看到桌上放着一个药瓶，瓶子的盖子被打开了。但是因为自己赶时间，所以他仅仅嘱咐了妻子一下，让她将桌子上的药瓶收起来，然后就急匆匆地关上门去上班了。妻子在厨房中忙得焦头烂额，一时之间将丈夫的嘱咐抛到九霄云外。

小男孩看到桌子上的药瓶之后，非常好奇，就拿了起来，被药水的颜色吸引，于是，他就将药水全部喝下。小男孩因此丧失了幼小的生命。

妻子被儿子死亡的现实吓呆了，她不知道该怎样面对自己的丈夫。心急如焚的丈夫赶到医院之后，得知噩耗，悲痛欲绝。他看着儿子的尸体，又望了望自己的妻子，然后走到妻子的身边，将妻子抱起来，说道："亲爱的，我爱你。"

丈夫并没有被自己的情绪左右，也没有怪罪妻子，反而强忍着内心的伤痛，努力安抚自己的妻子。因为他明白，儿子的死亡已经成了不可改变的事实，不管再如何责怪妻子，也不能改变现实。妻子已经相当痛苦难过了，自己又怎么能够再往她的伤口上面撒盐呢?

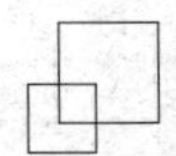

是的，不幸已然发生，我们唯一可以做的就是接受事实。

法国有一个十分偏僻的小镇，相传小镇上有一股非常灵验的泉水，能够医治各种各样的疾病。一天，有一名少了一条腿的退伍军人拄着拐杖一跛一跛地来到小镇上，打算去泉水祈福。小镇上的人们看到他后，十分同情地说道："真是一个可怜的家伙，难道他要祈求上帝再赐给他一条腿吗？"

退伍军人正好听到了这句话，他转过身来，微笑着对他们说道："我不是要祈求上帝再赐给我一条腿，而是要祈求上帝给予我帮助，让我在失去一条腿之后，清楚该怎样生活。"

为了已经失去的东西而懊悔，根本没有任何实际作用。我们最需要做的就是接受现实，然后再规划一下自己今后的生活。

漫漫人生路，我们难免会遇到一些难以改变的事情，这些事情经常会让我们跌进情绪的漩涡。这个时候，我们可以将它们视为一种"既定的事实"，然后再去慢慢地适应它们的存在，即"允许问题的存在"。著名的哲学家威廉·詹姆斯曾经说过："要乐于承认事情就是这样的情况，能够接受已经发生的事实，就是能够克服任何不幸的第一步。"

因此，亲爱的朋友，当不幸降临时，我们必须鼓足勇气去接受已经成为定局的事实。或许我们会不甘心，会不情愿，有很多的委屈，但我们要明白，难过和内耗于事无补。正确地对待既定的事实，只有这样，我们才能更快速地找到面对生活的最佳姿态。

25 在内心接纳自己

接纳自己，没有很好也没有关系。

——《人民日报》

只有在内心接纳自己的人，才能使自己的身心处于一个平和且有力量的状态之中。学会与自己相处，在内心关照自己，了解自己，认识自己，从而接纳自己。每当面对着镜子的时候，问问自己究竟喜不喜欢镜子中的人。一个不喜欢自己的人，大概很少有人会喜欢。可事实上就是有大部分人不喜欢自己，总觉得自己这儿也不好，那儿也不好。

当你接纳了自己，你就会发现，所有人慢慢地都接纳你了。

英国著名歌手阿黛尔·阿德金斯（Adele Adkins），她的身材在娱乐圈中并不符合传统“瘦美人”的“标准”。开始，她也受到外界对她身材的很多质疑，但她逐渐接纳了自己的体型。她意识到自己的价值并不完全取决于外貌，而是她的

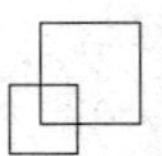

音乐才华。她在采访中表示，她更希望人们关注她的音乐而不是身材。这种对自己外貌的接纳，让她能更加自信地展现自己，在舞台上尽情发挥，并用歌声征服无数听众。

不能接纳自己的人，在情绪上往往表现得很不稳定，不是有意表现优越，就是自卑。这种心态，使得他们同样也会憎恶他人。

人具有相当程度的自主性，这是人和其他生物最主要的区别之一。而自主性即个体按自己意愿行事的动机、能力或特性。它涉及个体或组织在行动、决策和选择上具有自主的能力和权力，强调独立思考、自主判断，并能独立地做出决策和选择。个体自主性的发展有助于其接纳自己。当个体能够自主地做出选择并为自己的行为负责时，他们会更加了解自己的喜好和价值观，从而完成自我实现。

接纳自己的内容包括自己的身体特征、情绪，以及性格特点等，具体方法是：

1. 自我觉察

自我觉察是接纳自己的第一步。通过自我觉察，我们可以清楚地了解自己的行为、想法和情绪。例如，在和朋友产生冲突后，思考当时自己的情绪是愤怒还是委屈，以及产生这种情绪的原因；还可以通过一些心理测试工具（MBTI 性格类型指标、明尼苏达多项人格测验、艾森克人格测验等）来帮助自我觉察，以了解自己的性格类型及特点，从而接纳自己的性格。

2. 改变自我对话的方式

通常而言，我们内心的自我对话会影响我们对自己的接纳程度。如果我们经常用批评和否定的语言与自己对话，就很难接纳自己。例如，当我们犯错时，不要对自己说“我真笨，怎么又犯错了”，而是换成“我可以从中吸取教训，这是一个学习的机会”。积极的自我对话能够帮助我们建立更加积极的自我形象。比如，每天看着镜子对自己说一些肯定的话语，如“我今天看上去很明媚”“我笑起来很可爱”等。

3. 实践自我同情

自我同情，意味着像对待好朋友一样对待自己。当我们遭遇困难或犯错时，不要过分苛责自己。例如，当我们在一次面试中失利时，不要只看到自己的失败，而是要想到自己之前为面试而付出的努力，并且安慰自己，明白每个人都有失误的时候。也可以通过一些具体的行为来实践自我同情，比如在达成一个目标之后给自己一个小奖励，让自己感受到关怀和爱护。